un jour
Oiseaux

雜貨 小空間＆角落專屬
What's in my room ×花草
盆栽布置特選 **150**

本書是為了讓您在生活中添加綠意而集結了各種好點子。

並非只是單純的裝飾，綠意與雜貨一同搭配，

可產生出豐富的變化，也能引導出植物本身的魅力。

就算只有一個小小的盆栽，

也能在生活中感受來自大地的恩惠。

若是想要欣賞它最棒的模樣——

請一邊閱讀，

一邊找出其他能夠活用在住處中的創意點子吧！

Start!

以搭配達人的居家布置
為範本……

首先
就從廣受歡迎的
綠色植物開始

Let's enjoy your greenlife!

走一趟人氣店舖
尋找可愛的
綠色植物＆雜貨吧！

與綠色植物
搭配性高的雜貨！

Contents

⑯ **Chapter 1**

雜貨迷最愛！
四大綠色植物的進階裝飾技巧

18　❶多肉植物×ZAKKA
22　❷蔓性植物×ZAKKA
26　❸乾燥花×ZAKKA
30　❹室內樹盆栽×ZAKKA

⑧ 卷頭提案 以居家布置人氣風格分類
綠色植物＆雜貨簡單搭配的
第一步 ♪♪

4　Prologue

㊲ **Chapter 2**

實例
30間

讓居家成為療癒空間！
被雜貨＆綠意圍繞的
自然生活

38　Kitchen　廚房
42　Living & Dining room　客廳＆餐廳
46　Window　窗邊
48　Veranda　陽臺
50　Sanitary　衛浴
52　Entrance　玄關
54　Wall　牆面
56　Ceiling　天花板

雜貨×花草盆栽布置

特選**150**

89　**Chapter 5**

以進階版綠意迎賓！

**以綠意＆花卉布置
打造咖啡館風格的接待空間**

96　能長久觀賞！

人造花活用技巧

100　在購物的同時，
能近距離學習搭配靈感的10間特色商店

**到雜貨鋪學習綠色植物的
裝飾方式吧！**

59　**Chapter 3**

以綠色植栽營造美好生活

ZAKKA精選

60　Part 1　首先從基本雜貨開始吧！

　　60　玻璃容器
　　62　籃子
　　64　鳥籠
　　66　馬口鐵雜貨
　　68　廚房雜貨・木質小家具
　　70　水壺
　　71　澆花壺／便盆
　　72　古董風格家具

74　Part 2　提升質感の必備單品

　　74　框架／展示櫃／etc.

green
column
　　34　❶容易栽種的香草不僅可供食用，
　　　　也能成為布置的一環
　　58　❷只使用一枝綠色植物也能營造畫
　　　　作風格的「一輪插」技巧
　　88　❸讓室內盆栽長久觀賞的好用商品

適合個人住宅的
綠色植物有哪些呢？

81　**Chapter 4**

嚴選容易種植＆構築畫面的綠色植物

居家綠色植物圖鑑

　　82　多肉植物
　　84　觀葉植物
　　86　花・樹果・樹木

111　Epilogue

Natural　Antique　Junk

以居家布置人氣風格分類

綠色植物＆雜貨
簡單搭配的
第一步♪♪

攝影／落合里美　風格搭配／南雲久美子
攝影合作／AWABEES　EASE PARIS

若將可愛的綠色植物和花卉＆裝飾住家角落不可或缺的雜貨巧妙地
組合搭配，魅力會翻倍！可從介紹中立即模仿，並有效運用，輕
鬆打造畫作風格。諸多看似微小的靈感及不造作的巧思，才是享受
綠意生活的祕訣所在。請從每種人氣風格所推薦的綠色植物與雜貨
中，尋找絕佳的搭配靈感吧！

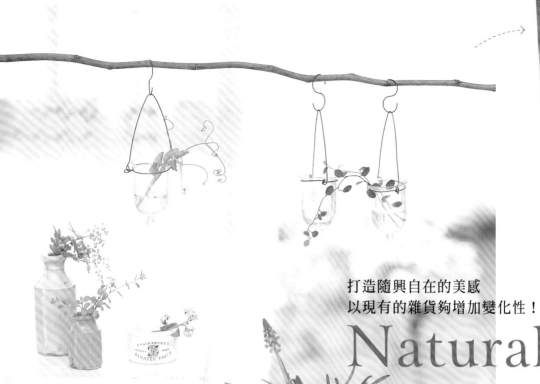

除了吊掛專用花器之外，可將小瓶子以麻繩綁起吊掛，輕鬆打造獨特花器。

打造隨興自在的美感
以現有的雜貨夠增加變化性！

Natural Style

重視簡單設計和樸素質感的自然風格，是最能活用綠色植物原始風貌的居家布置。例如：在果醬空罐中插入一枝庭園綠意，除了能營造隨興般的美感之外，也很適合初學者學習。

陶瓶（大）（小）、墨水瓶
陶罐／Pine Grain

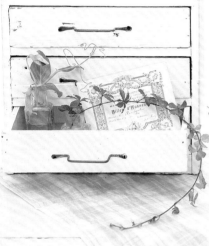

Natural Style 推薦單品

Zakka
極簡玻璃容器
&陶器

活用手邊的瓶罐類！玻璃空瓶和極簡陶器能夠襯托帶著小巧葉片和花朵的植物。倘若將每個花器都進行簡單地搭配，就算要大量地裝飾居家空間也能得心應手。

蘋果薄荷　　迷迭香

鈕釦藤

Green
葉片小巧茂密的植物

比起觀葉植物般大型葉片或枝型明顯的類別，長著許多小葉子的植物較容易進行變化搭配。特別推薦蔓性類或香草等四季皆可栽種的品種。

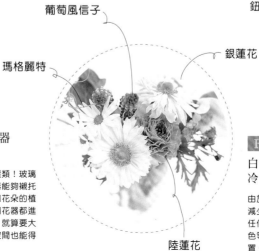

葡萄風信子

瑪格麗特

銀蓮花

陸蓮花

Flower
白色・綠色・藍色的
冷色系漸層

由於想要將綠色植物當作主角，因此減少搭配的花色。若是選擇能夠搭配任何葉色的白色、淺綠色、藍色和紫色等冷色系漸層，就能作到絕佳的配置。花朵也請選擇尺寸較小的類型。

宛如花束般的一輪插

可使用玻璃空瓶和小窄口瓶進行一輪插，偶爾也能試著以麻繩或緞帶綑綁於瓶身處，除了增加裝飾性之外，讓瓶身顯得更別緻。

最適合隨手插入的陶製水壺

乍看之下毫不造作的「隨手插入法」，是能讓自然感更上層樓的方式。雪白色系且能襯托土壤顏色的水壺，是和各種植物都百搭的萬用單品之一。

可以觀賞球根的紅酒杯

擺放於桌上，具有高度的紅酒杯花器很能吸引眾人的目光。可鋪入小石頭和貝殼，增加水栽的清涼感。以葡萄風信子、迷你水仙和風信子來搭配看看吧！

提籃中的混搭種植風

就算是塑膠製的乏味花器，只要放入提籃內，瞬間即可提升自然質感！若使用無排水口的花盆，就變成可於室內使用且不需擔心弄髒空間的單品。

以廚房雜貨簡單地進行搭配！
只要多點小小的巧思，就能讓住處綠意不絕。

✚ 咖啡歐蕾碗

雖然簡單卻是極受歡
迎的搭配，主要關鍵
在於從用色作變化。
若將色系和雜貨統
一，就算是一輪插，
也能帶來極大的衝擊
感。

✚ 儲物罐

推薦可將少許多餘的料理用香草插入
水中，再加上蓋子，也是讓空間呈現
獨特風情的裝飾方法。

✚ 漂亮的包裝

可愛到捨不得丟棄，漂亮的起司和奶
油包裝可放入小容器中，作成花盆套
再利用。

鋁製雪克杯（5個1
組）／Pine Grain

✚ 量杯

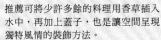

將分成小株的盆栽直接種植在量杯
中。是最適合家庭菜園的迷你裝飾。

鋁製量杯／Pine Grain

✚ 玻璃杯

為了吸收水分而將花莖切短，有效地
延長了切枝花的壽命。綁成一束插在
玻璃杯中，可清楚地看見花莖。

飾布／Pine Grain

11

擺上一件奢華主義的單品，就能讓氛圍截然不同！
適合用來作為待客的搭配裝飾。

Antique Style

要表現出古典的氛圍，與其使用大量的綠意和花卉作裝飾，不如只挑選一個讓人印象深刻的單品，反而能在居家布置中顯得格外突出，也更能營造氛圍。為了使古董質感與精心設計能互相映襯，嚴選花朵風貌和色調是主要重點。

萊萊

圓葉尤加利

多花桉

Green

果實＆銀葉

與其使用水嫩植物的新鮮配飾，泛白的銀色系葉片更加合適。帶著黑色或深紅色果實的枝葉，就算沒有花朵也很迷人，是推薦的首選之一。

相框／MOMO natural 自由之丘店　高腳盤、燭臺（大）、（小）、玻璃蠟燭／Orne de Feuilles

Antique Style 推薦單品

玫瑰

陸蓮花

Flower

以較深的中間色調
營造微妙變化

比起鮮豔花色，使用中間色調更能營造氣氛。就算同樣都是玫瑰花，也區分為古典八重開花和虛幻的一重開花等，依照品種差異能欣賞到不同的樣貌。上圖所使用的是大朵的大理花。

Zakka

講究細節的銀器
和彩繪餐具

比起直接作裝飾，加入綠意後能夠和緩浮誇的氛圍，相當適合充滿裝飾性的精緻工藝和彩繪古董。就算只有點綴一朵花或一根枝葉也能讓人印象深刻。

雷絲手帕／Pine Grain

漂浮在彩繪盤中，展露生命的美感

剪下毫無生氣的切枝花或修剪花朵的花首部分，作成漂浮狀。僅需在較深的彩繪瓷盤中裝入清水，就能在視覺上作出變化的樂趣。亦可添加浮水蠟燭，除了可以增添意境之外，也能用來招待客人。

帶有意外感的一輪插

在燭臺固定蠟燭的孔洞中，放入裁切成小塊的插花海綿，並以花草作裝飾，是精心打造的花飾作品。小巧的玫瑰和帶有動態感的茉莉花藤蔓可襯托出莊嚴之美。

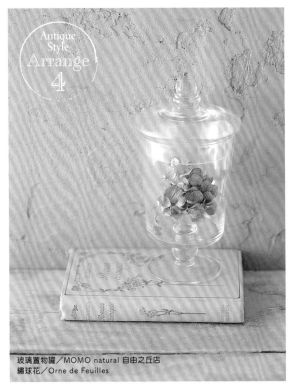

玻璃置物罐／MOMO natural 自由之丘店
繡球花／Orne de Feuilles

放入乾燥花

若是備有大朵的繡球乾燥花，可剪下少許置入玻璃罐中，即能輕鬆完成可放置在各種角落的展示性雜貨。

將重要的收藏當成花器

盡量地活用使用率較低的餐具或單人份的杯子吧！就算是使用庭園的花草，也能夠在古董特有的細節與圖案襯托下，顯得既優雅又別緻。

標籤可愛的進口罐頭。當內容物使用完畢後，很適合用來作為花盆。一口氣放上好幾個，就能輕鬆營造出仿舊風格。

玄關四周和陽臺都很適合放置可以展現質感的雜貨和強韌的植物！

Junk Style

若想盡情享受盆栽植物的樂趣，仿舊風格是上上之選！雜貨的斑駁感是最棒的點綴，因此不論是玄關四周、陽臺，或想稍微妝點屋外時都相當適合！工具等園藝用品對於裝飾也很有幫助！

Zakka
讓紅磚花盆、馬口鐵和木箱留下使用痕跡！

生鏽或褪色等陳舊風格，能夠讓樸素的植物展現獨特的一面。只要放置在屋外，就算是新品也能立即增添不少質感，十分令人開心。

素燒陶盆（大）（小）、盆栽插牌、澆花壺／Pine Grain
玻璃瓶（咖啡色）／Orne de Feuilles

瑪格麗特

金盞花

Green
以多肉植物和空氣鳳梨打造獨特風格！

多肉植物和空氣鳳梨相當適合木頭及馬口鐵這類樸素的雜貨。一般葉片所沒有的褪色色調和仿舊質感的雜貨能輕鬆融為一體。

松蘿鳳梨

哈里斯

Flower
點綴色要選用鮮明色彩！

黃色或橘色等充滿活力的維他命色彩，除了可和綠色成為明顯對比之外，亦能相互襯托。統一顏色調性，並將鮮明的色彩當作點綴色使用，是使裝飾不會顯得太過於孩子氣的訣竅。

Junk Style 推 薦 單 品

景天屬

蘆薈

南十字星

14

馬口鐵和多肉植物是黃金拍檔

將小巧的多肉植物混搭種植在仿舊鐵杯中。因為生命力強大，能長久享受相同的氛圍是其優點。此外亦可使用布丁和果凍模，或利用常溫點心的烤模，是既簡單又受歡迎的手法。

將空氣鳳梨和漂流木打造成裝置藝術

這種獨特的作法，除了可作為雜貨進行裝飾之外，也很適合放置於室內各處。直接陳列當然也很好看，但若是加入玻璃容器進行點綴，不僅使桌上的氛圍顯得更精緻，還能帶來藝術的氣息。

玻璃瓶（咖啡色）／Orne de Feuilles

以藤蔓纏繞鳥籠

蔓性植物就搭配上能讓藤蔓纏繞的雜貨吧！若是使用鳥籠，無論是平放或吊掛都能構成美麗的畫面。就算體積不大，只要放置一個就可為展示帶來變化，是相當實用的物品。

琺瑯杯盆／Pine Grain

以蠟燭＋水栽植物製作戶外配飾

若使用常春藤或鈕釦藤等能夠水栽的植物，可以選擇這種搭配方式。將植物圍繞在驅蟲蠟燭或浮水蠟燭的四周，能使設計顯得更加迷人。

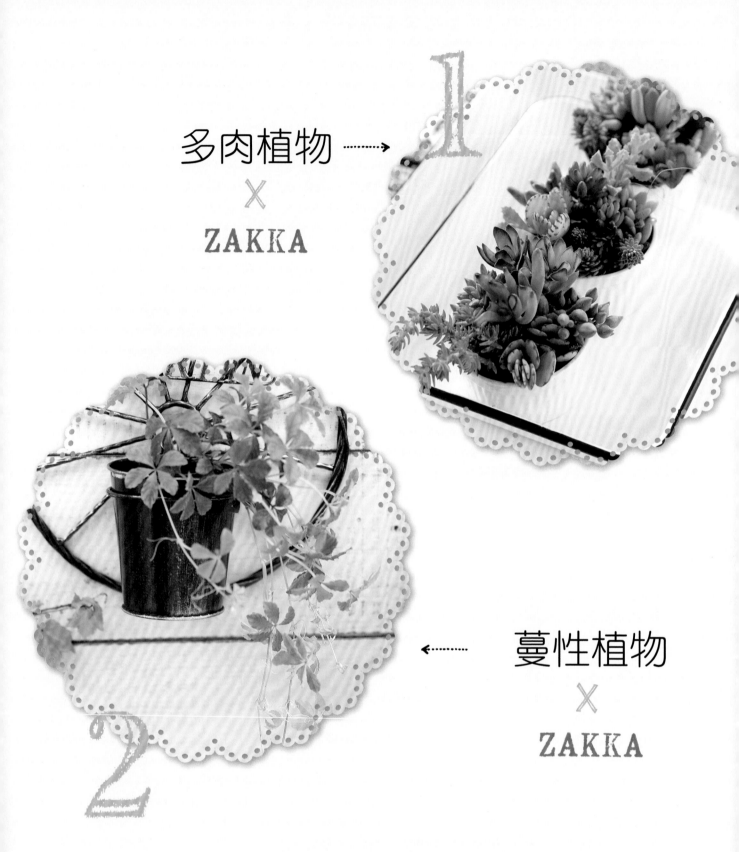

多肉植物 ┈┈→ × ZAKKA

蔓性植物 ×┈┈┈ ZAKKA

圓潤可愛的多肉植物、延展姿態迷人的蔓性植物、適合成熟空間的乾燥花，
及成為房間焦點的室內樹盆栽……
擁有美好居住環境的你可以巧妙地將這四種植物融入居家布置中。
以下讓我們分別來學習充滿品味的布置技巧吧！

Chapter 1

雜貨迷最愛！
四大綠色植物的
　　進階裝飾技巧

乾燥花

X

ZAKKA

3

4

室內樹盆栽

X

ZAKKA

❧因為體積小，所以和雜貨的搭配性絕佳！

多肉植物 ✕ ZAKKA

圓潤可愛的樣貌和栽種的簡易度是受歡迎的祕密。
十分推薦給居家布置的初學者。

idea 以蕾絲或英文報紙為花盆增添風味

改造烘焙用的蛋糕模，使其成為適合混搭種植的花器，並以碎樹皮等材質覆蓋泥土表層。

多肉植物的柔和綠意與仿舊馬口鐵的質感非常相
稱！ 1將相同材質的迷你澆花壺和水桶添加在混
搭種植的迷你水盆中。 2小小的盆栽和迷你雜貨
很適合用來裝飾牆面。

idea 與迷你模型一併陳列

2

1

idea 以廚房用品作擺設

十分推薦在每個小容器中各種植一種植物。 1 馬克杯或咖啡歐蕾碗等，使用手邊的物品也是種樂趣。 2 若是種植在果凍和布丁杯中，就能作出一致感。不鏽鋼或鋁的質感也相當時尚。

生鏽的過程也相當值得玩味。在磅蛋糕或麵包烤模中放入整個盆栽，可享受材質經年變化後的樂趣。

鋪上蕾絲，增添奢華感 idea

1 緩和鋁製布丁杯無機質感的是惹人疼愛的迷你飾布。 2 Battenberg蕾絲和質感樸實的容器很相稱。 適合用於想要稍微強調存在感時。

idea 利用小掛架妝點牆面

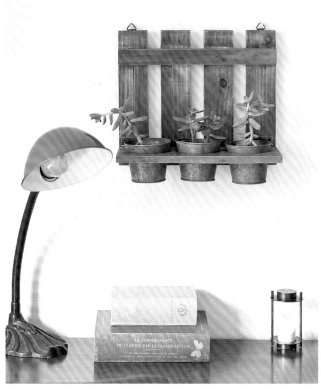

排列同款式的杯子是呈現清爽感的手法。光是可愛的葉子形狀就足以成為牆面裝飾。

idea 利用鞋身進行搭配

將拖鞋型的飾品掛在牆面上，作為裝飾植物的雜貨，這種作法在現在相當受到矚目。正因為是小巧的多肉植物，所以很適合此方式。

idea 在舒芙蕾烤模中混搭種植多肉植物

將多肉植物放在琺瑯調理盤上，營造出植物甜點剛從烤箱出爐般的效果。

idea 將柵欄或建材當成舞臺

柵欄或建材的鐵條裝飾是極佳的吊掛處。掛上有鉤子的花器或小瓶子吧！

idea 鋪上椰子纖維

在洗臉槽風格的花器內混搭種植。使用椰子纖維填滿間隙和周圍的土壤，就能提昇視覺效果。

以植物替代蠟燭
idea 裝入吊燈中

在吊燈燈罩中放入椰子纖維，打造獨特的裝飾。除了可放入多肉植物外，乾燥花也很合適。

將書本形狀的置物盒
作成小小的擺飾 idea

在掀開蓋子的書盒內放入小小的混搭種植盆栽，即可形成略帶雜貨鋪風格的擺設。

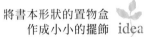

蓋上玻璃罩
idea 打造雪球風格

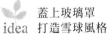

以迷你圓罩封入小小盆飾的獨特組合，是相當適合招待訪客的精巧裝飾法。

讓藤狀多肉植物
由上方懸垂而下 idea

若想要在室內讓藤蔓向下垂墜，窗邊是最好的舞臺。選擇綠之鈴等葉片形狀可愛的種類吧！

以秤懸吊栽種植物的
idea 水桶

將古董秤活用於吊掛植物上。放入紅色系、紫色系等非綠色系的植物品種，以營造雅緻感。

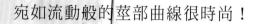

宛如流動般的莖部曲線很時尚！

蔓性植物

×

ZAKKA

活用藤蔓長度，
享受與雜貨組合搭配的樂趣！
當植物宛如飾品般稍微垂落，
就能為擺設營造出動感。

 以受歡迎的
idea 鐵條柵欄為舞臺

使用作為建材的柵欄，讓鐵條裝飾處攀附藤蔓的枝
條，就能強調其特性。再進一步插入花卉，並掛上
水栽植物瓶，即能打造華麗的舞臺。

 陳列複數種類的植栽
idea 作出花籃風格

鈕釦藤或常春藤這類蔓性的綠色植物，即使只有小
小一株也能營造出份量感，讓人感到開心。若想要
搭配得生氣蓬勃，製作成花籃裝飾最為適合。

idea 與牆面雜貨結合

1 來妝點室外牆面吧！就算無法讓藤蔓爬滿牆面，依然可活用現有花盆作為牆面雜貨加以點綴。即使是常見的Sugar Vine綠也能被襯托得更加出色！ 2 若要在藤蔓旁加上標示牌，適合選擇古董風格的設計。 3 在花園風格擺設中，若是添加黑板作點綴，會帶來獨特的效果。 4 就算沒有牆面用花器，使用輕量水桶，以鉤子懸吊也是一種好方法。

idea 充滿動態感的 藤蔓裝飾

由於延伸的藤蔓能夠讓裝飾呈現出動態感，所以希望能積極活用。 1 在房子形狀的鳥籠中放入鈕釦藤盆栽，讓藤蔓以自然形式生長是主要關鍵。 2 至 4 可說是蔓性植物代表的常春藤，不僅耐寒且不分四季皆能生長，以水栽或分株的方式逐漸增量吧！由於能呈現自然氛圍，因此不論是什麼樣款式的花盆都很適合，這也是廣受歡迎的原因。

idea 稍微纏繞上葉子

就算只搭配一枝蔓性植物也相當可愛。點綴一點點鈕釦藤就能夠讓白色角落更加迷人。

idea 使迷你鳥偶
充滿故事性

在Sugar Vine藤蔓垂下的位置放上
小鳥擺飾。一旦分隔出區塊,鳥偶
的出現就別具意義,彷彿是鳥偶刻
意將葉片啣來此處放置。

混搭種植於
鳥類飼餌臺上 **idea**

以園藝用的麻袋或黃麻布鋪於底層
作分隔,如此一來就能將雜貨和綠
色植栽一同搭配在盆中。

idea 滿滿地塞入鐵罐中
作成花束風格

以木盒的蓋子為背景 **idea**

只要將蓋子立著擺放,植物就會在一
瞬間形成畫作風格,十分神奇。盒蓋
上的標示設計也成為很棒的點綴。

成熟的藤蔓放置在上方
還在生長中的藤蔓
idea 則擺放在下方

鈕釦藤是最適合用來整合有著複數品種的混搭種植盆栽,
能使奧勒岡和法絨花顯得更加生動。

利用長椅等物品產生高低差也是一
種藤蔓的搭配技巧。成熟的盆栽可
使其自然垂墜,以強調長度。

idea 懸掛在鏈子上
就會產生動感

使用青苔在鳥籠內種植植物，並刻
意以打開蓋子的狀態懸掛，可增添
活潑氛圍。附掛鉤的鏈子很方便！

idea 不使用的磅秤
是綠色植物的最佳舞臺

在盛裝辣椒或七味的調味料罐中順
手插入一根枝葉。手掌大小的罐子
正好適合料理秤的盛物臺。

idea 將較大的水桶
當作花盆套

若要容納長大後的綠色植物，花盆
套可以選擇使用水桶。除了陳舊的
馬口鐵水桶之外，琺瑯水桶也很
棒。

idea 利用牆面凹槽
呈現繪畫風格

在牆面凹槽中放入盆栽或花器，就
能營造裱框畫作的氛圍。背景就使
用卡片或明信片進行搭配裝飾吧！

idea 若將草帽當作小道具進行擺設
就能呈現山莊風格

向陽的窗邊，長長延伸的藤蔓和草
帽……是讓人聯想到夏日情景，如
詩畫般的角落。

idea 為了展現藤蔓的優點
請盡量裝飾在高處！

當想要以植物裝飾架子時，可選擇在室內
也能夠茁壯成長的黃金葛。不僅容易生
長，會逐漸增加的長度也很令人期待。

演繹雅緻感的關鍵單品

乾燥花

× ZAKKA

帶有層次的微妙色彩和古董雜貨相當契合！
由於可長時間作裝飾
能輕鬆享受進階風格的呈現手法。

**相互襯托的
最佳組合**

碩大的乾燥花就算以花莖較長的狀
態作裝飾也能宛如圖畫。和古董搭
配組合絕對不會出錯！

**以乾燥花
增添復古感**

和仿舊油漆家具搭配性絕佳的繡球
花。選用色調與油漆相近的乾燥花
就能呈現一體感。

26

idea 放入框架內，營造繪畫風格！

2

1

和框架一同作裝飾，光是如此就能夠突顯存在感。 1‧2
以懸掛在牆壁上的框架和一同裝飾的蕾絲及卡片作出充滿立
體感的擺設。可從天花板吊掛或使用較長的掛鉤，使框架能
稍微遠離牆壁是主要重點。若是要裝飾白色牆面，請選擇帶
有色彩的花卉。

idea 纏繞成花圈風格
替照明增色

搭配照明作裝飾也是很受歡迎的技巧。為了不要與燈泡直接接
觸，刻意先在燈罩四周放上鐵絲製作的框架，再添加乾燥花。
可使用蕾絲和緞帶進一步塑造古典氛圍。

idea 成為迷你動物偶的背景

當擺設稍嫌不夠豐富時，乾燥花就能派上極大的用場。若是較
大朵的花卉，稍微剪下一些使用也很方便。

idea 以同色系乾燥花
營造出角落的一體感

使用退色或逐漸變褐色的繡
球乾燥花，搭配雅致的雜貨
或家具，以打造充滿復古色
調的世界。

🌿 **idea** 使花卉斜向下方
呈現動態感

加入樹枝和果實,宛如大花束般地
整合在一起,再固定於房間柱子
上。明明很簡單,卻可成為引人注
目的焦點。

🌿 **idea** 與琥珀色瓶子作搭配

🌿 **idea** 從上方大量垂掛乾燥花
呈現山中小屋風格

1 以製作乾燥香草的古董用品為主軸,懸
掛於空中的圓形掛架。除了吊掛工具之
外,花朵也可以在乾燥的同時進行觀
賞。2 直接利用掛鉤板也是一個好點子。3
若吊掛在支架上,可以將視線集中於牆壁
較高處。

冷色調的繡球乾燥花和琥
珀色是最佳組合。也可裝
飾在較小的藥瓶或墨水瓶
中。

 以單一色彩
idea 襯托馬口鐵質感

在無機質的馬口鐵中大量插入連葉子也退色的乾燥花。色彩搭配的奧妙，正是營造出素雅氛圍的關鍵。

使玄關
idea 呈現典雅氛圍

由於乾燥花比鮮花更能長久觀賞，因此建議可擺放於一開始迎接客人的玄關處。除了花器之外，也可裝飾於架子或立架上。

將大朵的繡球花乾燥綁成束狀，呈現十足的存在感，可於白色系裝潢中作為具有點綴效果的一大亮點。

idea 以乾燥花束增添亮點

idea 在裝飾的同時
進行收納

只取花朵作裝飾，輕鬆打造裝置藝術風格。可以將好幾個擺放在一起或單一放置，容易作變化的繡球花非常實用。

 以籃子
idea 作為舞臺

1 以籃子進行搭配是輕鬆卻最具效果的手法。將植栽大量地放入大籃子中，就能呈現宛如西洋書籍中的氛圍。 2 將乾燥花宛如花冠般捲起，並添加於野餐籃中。

idea 以室內樹盆栽營造景深感

大型的室內樹盆栽，其樹枝和葉片陰影，可緩和室內氛圍，並帶來獨特的景深感。由於花器尺寸較大，因此以苔蘚等物體覆蓋土壤表面，可使外表更加美觀。於此則使用以手工藝麻線替代苔蘚的巧思。

🦋 成為全家團聚的房間焦點！

室內樹盆栽

✕

ZAKKA

可將室內樹盆栽作為居家布置的重點
若在房間內擺放一株，不僅能夠收斂整體視覺，
還有療癒效果！

idea 放置於沙發旁 宛如屋頂般的綠葉

將室內樹盆栽放置於放鬆重點區的沙發旁,坐下後,抬頭往上一看得到綠意,療癒效果相當出眾。每一片葉片都很大的Ficus umbellata是長久以來就廣受歡迎的室內樹盆栽之一。

idea 較低調的樹木 則放置在角落

1 若於走廊盡頭或門旁陰暗處放置一棵樹木,可帶給人明亮的感受。 2 在室內也能茁壯成長的橄欖樹是廣受歡迎的品種。擁有銀色葉片的植物則和古董風的雅緻居家布置很相稱。

idea 尤佳利樹無論是盆栽或枝葉
都能隨心所欲地使用

擁有多樣品種的桉樹,可挑選喜愛
的品種進行栽種,修剪後的枝葉還
能作為裝飾,可謂一舉兩得!

idea 打造度假風
居家布置的重點

1 夏日風情的全白藤製桌椅組最適合搭配
椰子樹。 2 獨具風格的樣貌,在充滿個
性的室內裝潢中,成為協調性良好的點
綴。

idea 成為不使用壁爐時節
的好幫手

在無法收起來的壁爐角落,可放置
引人注目的大型植物盆栽,稍微增
添清爽感。

放置在窗邊
消除和庭園之間的界線　idea

在露臺和室內的邊界大膽放置大型
室內樹盆栽，即能打造地板向外持
續延伸的效果。

小株的樹盆栽
idea　能放置於室內各處

1 將樹盆栽放置於凸窗裝飾時，由於會
吸引視線，因此需要特別講究花盆的設
計。　2 在舒適的空間旁，請務必擺上
綠色植栽。擁有高度的水桶顯得相當時
尚。

利用花盆套提昇品味　idea

1 由於圓柱狀的鐵製儲
物桶很穩固，最適合種
植會持續成長的盆栽。
2 將塑膠花盆直接放入
籃子中。由於附有握
把，容易搬運。　3 木片
款花盆套最適合搭配自
然風居家布置。

容易栽種的香草不僅可以食用
也能作為布置的一環。

將莖部與葉片曬乾

將植物吊掛在廚房的窗戶旁，一邊享受香氣一邊曬乾，是為了冬天至初春無法收成香草而發明的保存方法。

「香草是上天賜與的禮物，在生活中各種場合都很實用。」

將花朵作成乾燥花

以曬乾的洋甘菊和金盞花製作保濕乳液。能讓肌膚變得更加光滑濕潤。

以葉片和莖部進行手浴

倒入熱水就會散發出芳香。將手部泡入水中，能立即提升乾燥肌膚的濕潤度，也能用來蒸臉。

1 以葉色鮮嫩的的薄荷襯托華麗的玫瑰。「當花朵數量較少時，可使用香草植物增加盆栽的份量，相當好用。」 2 以藍色百葉窗作為特點的露臺。一旁的桌子可作為園藝作業的工作檯或午茶時間的休憩處。

2

1

🏠 栃木縣／堀宅

在窗邊放置薄荷和洋甘菊
吧臺上則是自製的泡菜⋯⋯
帶有自然色彩的廚房裡到處充滿香草！

香草的花、莖、葉、種子、根，幾乎整株在製藥、食品、染料、美容方面，都為我們的生活帶來不少幫助。也因為容易種植，自古以來便廣泛地被利用，但您知道它們也能用來裝飾布置嗎？

堀小姐對於這樣的香草滿懷感激，並以此實行結合香草的生活方式。

她從三年前住家興建完畢後開始栽種香草。在眾多從種苗開始栽培的人之中，堀是從種子開始播種，並以自家製的香草噴劑取代農藥，毫不吝惜花費功夫與愛心地栽種。正因如此，從堅硬的小小種子用力冒出兩片可愛嫩芽時的感動，到嬌柔花朵綻放時的喜悅等，每天皆興奮不已！將這些香草活用在日常生活中成為了堀的新樂趣。

「親手養育香草或花卉，正因親身感受到大自然的恩惠，才能與滋潤的生活有所連結⋯⋯我現在正切身感受著這件事情。」

34

貼滿鮮豔綠色磁磚的明亮
廚房。以自製泡菜和香草
增添自然感。

1 在薰衣草香氣最濃郁時摘下，曬乾作成香包。 2 化妝水是以蒸餾水泡的香草茶為基底。左邊是玫瑰天竺葵，右邊則是乾燥薰衣草的香氛。 3 將香氣強烈的英國種薰衣草花束綁在窗簾綁帶上。隨著初夏微風輕拂，隱隱約約的香氣令人感到相當舒適。

可以食用的香草植物

1 薄荷與香蜂草的冷泡香草茶。「添加放入了紫羅蘭的冰塊，很適合用來招待客人。」 2 加入月桂葉、迷迭香、蒔蘿的泡菜。趁蔬菜盛產的時節，製作成存糧。 3 以菜籽油替代奶油並加入巴西利的司康。這道食譜適合推薦給討厭巴西利的人。

4 茴香除了可替肉類或魚類料理增添香氣之外，也能夾入三明治中。 5 擁有淡粉紅色的花蕾，花朵宛如百合般收成球狀的可愛蝦夷蔥。 6 葉片可裝飾湯品或料理，莖部則可用來製作香草束的義大利巴西里。 7 用來覆蓋地面也很適合的地被植物——百里香。可替湯品增添香氣。

薄荷	薰衣草	巴西利

「香草是上天賜與的禮物，每一種香味都充滿神祕感。」1 富含維他命和礦物質的巴西利是天然營養補充劑。 2 薰衣草原產自地中海，很怕潮濕，若是使用容器種植，必須要注意澆水的水量。 3 堀家的薄荷葉無論是葉片或花莖都很強壯，香氣也十分清幽。

堀所喜愛的香草

BEST 7

百里香	義大利巴西里	蝦夷蔥	茴香

Chapter 2

讓居家成為療癒空間!
被雜貨&綠色植物圍繞的自然生活

▸ **Kitchen**

▸ **Living & Dining room**

▸ **Window**

▸ **Veranda**

▸ **Sanitary**

▸ **Entrance**

▸ **Wall**

▸ **Ceiling**

除了能讓全家放鬆的客廳之外,
廚房、衛浴空間……
若在住家各處皆以綠意進行裝飾
就能使整個家都成為療癒空間。
從三十位居家布置達人的住宅中,
學習讓住家變得充滿自然風格的技巧吧!
就算是空間的死角,
也能變身成綠意盎然的一隅!

Kitchen

導入綠色植物
打造清爽＆自然感的廚房

🏠 靜岡縣／谷澤

使用植物點綴各處，
與古董風格的料理工具非常相配！
輕鬆打造英國鄉村風廚房。

天窗的古典彩繪玻璃，只需從內側以木工螺絲固定即可。瓦斯爐是來自法國的Rosières。

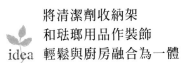

將清潔劑收納架
和琺瑯用品作裝飾
idea 輕鬆與廚房融合為一體

1 imane的清潔劑收納架搭配剛採摘自庭園的綠色植物。 2 大理石流理臺和白色琺瑯用具很相稱。棠棠花的白色花朵也與水壺相得益彰。 3 從窗戶看見的纖細綠葉竟然是胡蘿蔔的葉子！「直接丟掉太可惜了。」胡蘿蔔為廚房帶來了明亮的橘色色彩。

從天窗彩繪玻璃處灑落柔和的陽光，谷澤家廚房以古董風料理工具和收納罐裝飾各處，並以綠意優雅妝點。

「因為我很喜歡英國古董，所以新家的廚房也想打造成英式田園風。」

宛如美夢成真般的理想廚房！若是抽油煙機是圓頂形的就更好了。瓦斯爐也選擇復古的款式，增添了不少典雅的氛圍……儘管如此，依然捨棄了不少的想法。

無論是增加收納空間或以喜愛的雜貨與庭園綠意進行點綴，谷澤在親自改造環境的同時也培養出深厚情感。經年累月裡，被喜愛的古董與清爽的綠意們所環繞，也讓廚房產生令人舒適的氛圍。

宛如西洋書籍裡出現的水槽。擺放的琺瑯雜貨、黃銅色的水龍頭搭配上紫色花卉十分合適。

將常春藤葉片展示般地裝飾在磁磚牆面上。就算只有一點點的空間也要以綠意作點綴。

陳列著繽紛餐具的時尚層架上，將小葉片的綠色植物放入雜貨內作搭配，營造輕快氛圍。

🏠 兵庫縣／山本

為了讓站在廚房的時間更有樂趣，
使用了充滿綠意的裝飾。
由於更換風格很簡單，
不會因每天的家事而感到煩瑣。

塗漆的空罐和舒芙蕾烤模明亮色彩的花朵。」

此在房間、廚房等各處皆放置了綠色植物。」

營造出清爽的空間放鬆身心。因意。所以希望能在這一處小角的空間，從窗戶也無法看見綠的舞臺。

「我家的庭園位於玄關前方最重要的一環。

風格中，使牆壁上等，山本為了能夠裝飾更多的植物，快馬加鞭地打造不同

色，並以紅酒箱當作架子固定在置，以營造自然氛圍。而在自然後方層架上使用藤籃和雜貨布中喝下午茶，所以常在廚房吧臺的點的山本。由於常常找朋友到家

最近想要將層架塗成水藍風格。

和綠色植物的搭配方式是雜貨迷特有的風格。

等，不受原本用途的限制，選擇最喜歡園藝、布置及製作甜

「若覺得只有綠色植物會令人感到寂寞，建議添加少許擁有的空間。

1 將斑葉常春藤和多花素馨放入藤藍中。「由於內部有放置水盤，所以澆花很簡單，移動時也很輕鬆。」 2 將迷你仙人掌種植在舒芙蕾烤模裡，再放入玻璃櫃中。似乎會和甜點搞混？

為了收納咖啡用具而製作的壁掛式箱型收納架，於其中也放入紫葉酢醬草。使用雜貨與植物的搭配帶給人雅緻沉穩的印象。

正因為是放置廚房工具和用具之處，所以格外需要綠色植物。

1 掛著圍裙和掃把的牆板有著遮蔽冰箱的作用。若添加乾燥植物，可呈現出咖啡館廚房的風格。 2 窗邊的麻葉繡線菊。「看起來很清爽且和旁邊的玻璃罐很相稱對吧？也可以用來裝飾餐桌喔！」

 idea 以綠色植物＋色彩強烈的小花作為廚房焦點

1 將非洲菊和大理花插入平時使用的玻璃杯中，呈現休閒風格。「將花莖剪短插入後，整體風格就變得相當可愛，真令人驚奇。」 2 將銀蓮花分別各插一朵在古董瓶和陶罐中，並鋪上蕾絲飾布，妝點成古典風格。

以綠意將全家休憩的場所
打造成療癒景點

庭園景觀一覽無遺的客廳，一年四季皆日照良好。最新製作的白色抱枕是將喜愛的洋裝重新改造而成。

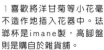

1 喜歡將洋甘菊等小花毫
不造作地插入花器中。琺
瑯杯是imane製，高腳盤
則是購自於雜貨舖。
2 紅色刺繡的桌布是今春
的新歡。「接下來也想挑
戰十字繡或刺繡。」
3 以庭園裡的小樹枝作成
水栽用的網架。使用鐵絲
籃養殖球根的構想十分新
穎！

長野縣／下村

將從庭園採摘的花朵和綠意
裝飾在客廳的四處，
自然的香氣似乎能讓身心
獲得放鬆。

是因為這個色系很適合木質家具
及室內植物呢！

「會喜愛上綠色雜貨，或許

簾和布雜貨也都以花朵圖案為主
想要一直處於自然之中，所以窗
進行雜貨布置與植物照料。因為
下村一年四季皆毫不鬆懈地
輝，因此讓人感到很放鬆。」

「由於家中充滿生命的光
園。

手作物品都帶來了柔和溫暖的氛
居家裝潢，及室內綠植物和各種
十年以上。以松木家具為主軸的
進而打造出的這個家已經持續了
景，以和自然共同生活為目標，
因嚮往《清秀佳人》的場
間。

天風貌的那一刻是下村最愛的時
等，從客廳眺望庭園慢慢進入春
的到來。高山野草和玫瑰嫩芽
與聖誕玫瑰的綻放，宣告了春天
在下村家的庭園中，雪蓮花

 將尤加利葉
idea 吊掛在棉被架上

掛在窗戶下方立架上的尤加利葉，其香氣能讓心靈感到平靜。
將庭園的花朵和香草曬乾後，可作成花圈或香包。

在客餐廳各處皆以綠意和花卉作裝飾。也許是因為新
鮮植物淨化空氣的緣故，讓人感到呼吸順暢不少。

 藉由集中擺放在窗邊
idea 一邊進行日光浴一邊作展示

白天時，讓植物移動至有陽光的窗邊進行日光浴。
「被自然的色彩和香氣包圍，心靈彷彿也跟著被洗滌乾淨。」

高知縣／佐藤

從幾乎每天造訪的咖啡館中，
學習其植物和雜貨的布置方式，
並與自家風格互相搭配利用。

idea
以植物和雜貨
覆蓋牆面空白處

牆上黑板、艾菲爾鐵塔及鐵絲提藍皆以對齊上緣的
方式作裝飾，藉此讓空白處展現寬敞感。

1 春天一定要購入的
Sugar Vine。除了藤
蔓下垂之外，「葉片
形狀宛如綻放的花朵
般，相當可愛。」2
香氣怡人的尤加利，可
大膽地讓旺盛生長的纖
長枝葉充分發揮，以展
現鮮嫩度。

idea
若以玻璃作為背景，
就能突顯綠意

佐藤大約兩年前搬到這間出
租公寓。由於當時急於融入新的
生活而繃緊神經，所以遲遲沒有
進行居家布置，後來情緒卻變得
容易陷入憂鬱，身體也開始逐漸
變差……而擺脫這個低潮的契
機，恰巧與自身的興趣相關，他
最愛四處尋訪咖啡館。

「我切身感受到從色彩鮮明
的雜貨和被照顧得生氣盎然的植
物中，所獲得的療癒效果。」

為了重現咖啡館般放鬆的氛
圍而進行居家布置的同時，心情
也逐漸變得開朗！

「在沙發前放置老舊迷你茶
几，並於墊著杯墊的白色馬克杯
中試著裝飾貝利氏相思的乾燥
花。」

一邊審視房間整體風格，一
邊慢慢地增添雜貨和綠色植物是
佐藤的作法。夫妻倆懷抱著在家
中打造咖啡館的夢想，今天也繼
續磨練布置房間的技巧。

古老窗框上掛著裝飾了純白蕾絲飾
布和綠色植物的提藍，打造成充滿
自然風格的角落。

兒時遊玩的空地、雜樹林……
想要在中古住宅內重現
回憶中的自然景色。

idea
以展示用門框
構築成藤架風格

在活動中所使用的展示架是由先生親手打造而成。
彷彿坐在盛開的貝利氏相思樹下，內心充滿喜悅之情。

對於小泉而言，兒時在豐饒大自然中撿拾葉片和石頭的回憶是相當珍貴的寶物。由於想要重現當時的景色，因此購入了中古住宅，並與先生一同動手改造。

「因為覺得若能置身於森林或原野般的場景鐵定會很有趣，所以才會朝向這方面進行改造。」

後來小泉也不斷提出奇特的構想。「那是什麼？」先生感到驚訝的同時也努力思索傢具體對策，並製作成形……這就是他們夫婦倆的DIY風格。

「想要將自然風格的柔和與溫暖感傳遞給許多人。」這是他們共同的信念。

空間中格外引人注目的是白樺樹、樹枝和樹果等真正的天然素材。以公園裡撿拾的小樹枝製作成有屋簷的屋頂，及將粗圓木打造成仍在成長中的樣貌……

獨特的風格有別於東京都內的其他住宅。

1

2

首先製作框架，以木工螺絲或白膠固定樹枝作成屋簷，再加入花盆和長椅，呈現宛如庭院旁的景致。

1 將壁掛用的隔層猶如吊床般吊起，並掛上提籃，最後在上方放置乾燥花。 2 工作室入口則以裝進托特包的可愛小花迎接。

Window

窗邊是能讓綠意成為主角的
最佳舞臺

連同與先生一起裝設的牆板和附把手的家
具，將客廳全部都漆成白色。潔白色調最
能襯托出窗邊綠意的鮮嫩感。

🏠 福岡縣／中村

沐浴在溫暖的陽光下，
凸窗處的綠色植物們喚來新鮮空氣。

從地板到天花板皆渲染上單一雪白色調的中村家客廳。春天的光芒從歐根紗的窗簾中透出，將室內映照得光輝燦爛。

「我最愛白色，所以家中全年皆是白色裝潢。當每年氣溫開始回升時，心情也會跟著變得興奮。刻意裝飾許多植物和花卉，並利用擺滿映照著光芒的小玻璃瓶，歡迎著春天的到來。」

中村喜歡可愛的小物，甚至還開起雜貨鋪CURLY ANN（山

口縣）。從婚前開始就很擅長手作，時而繪畫，時而縫製布製小物，據中村表示只要有時間，手就從未停歇。

這個家中處處充滿自行改造的痕跡，不只貼上牆板，還塗刷了地板。在圖中為接近完工的模樣，凸窗的綠色植物們似乎也很舒適地沐浴在春日之中。

裝入馬口鐵容器
營造復古風格 idea

1 中村最愛的植物椒草，在採光良好的凸窗處茁壯成長中。
2 是時下販售的商品之一。由於很喜愛瓶子，不論是否是古董都會忍不住購買收藏。特別在春天時，可自然地成為葉片與花朵間的點綴，模樣相當可愛。 3 容易栽種的多肉植物，由於一年四季皆可觀賞，能使用分株的方式增加數量。若移植到馬口鐵容器中，還能增添仿舊風格的趣味性。

idea 將植物以夾子固定在窗簾上

🏠 東京都／高柳

裝飾覆蓋面積寬廣的窗簾，
藉以替換布置風格。

將麻布往上掀起，從背面以夾子固定，作成氣球簾的感覺。若是順帶固定上綠色植物，就能營造清爽優雅的氛圍。

idea 懸掛綠意的作法
能帶入窗戶另一頭的風景

🏠 埼玉縣／鈴木

倘若花朵能聚集光芒，
就能散發夢幻般的風采。

庭園平臺的玻璃窗特意拆下一部分，作成開放式空間。條紋玻璃可聚集光線，讓花卉盆栽及蔓玫瑰呈現夢幻風格。

idea 若是數cm寬的窗格
搭配上小瓶子
就能展現美麗風貌

🏠 神奈川縣／笹生

窗格適合放置
一輪插。

在窗格放置小瓶子，作成一輪插。和窗戶另一頭的綠色背景結合，一朵小花也能營造出獨特氛圍。

idea 以窗框和牆板
作為背景

🏠 大阪府／法崎

以DIY方式打造突顯
綠色植物的角落。

動手製作嚮往的西洋式窗戶。以壓克力板代替玻璃，再將牆壁塗成藍灰色，就能成為展現綠色植物和雅緻乾燥花之美的角落。

因背景產生深度，才有辦法作出具立體感的配置。牆板（約寬60X厚2.6X高120cm）。

利用板子間的空隙吊掛漂亮的雜貨。若是掛上盆栽和蔓性植物作裝飾也很棒。

idea

以牆板覆蓋
打造適合綠色植物的處所

以充滿復古質感的牆板覆蓋上水泥扶手的瞬間，自然地洋溢出庭園之趣！

Veranda

正因空間有限，
才能展現使植物
別具魅力的雜貨風格。

RIKA家的陽臺巧妙地結合了雜貨與植物。但在一開始曾被毫無生氣的水泥扶手所束縛。

「就算堆疊許多馬鈴薯箱也無法遮蓋大片的牆面，若是想要製作覆蓋用的牆板，也不擅長木工……」

即使如此，還是不想放棄宛如西洋書籍裡的質樸花園，後來恰巧在常去的園藝雜貨鋪「綠之雜貨屋」（P.100至101）中找到充滿復古質感的松木材質牆板！已經先將數片木板組合好也是購買的因素之一，回家後可立即安裝上牆板。「那一瞬間陽臺重生了。只要擁有優秀的背景，無論是植物還是雜貨都會閃閃發亮呢！」

🏠 大阪府／RIKA

裝上牆板後，
陽臺立刻煥然一新！
打造樸素的小小庭園。

48

idea 以手作黑板當作背景
增添意趣

🏠 廣島縣／坂村

**模仿最愛的
咖啡館布置。**

1 在合板上刷塗黑板塗料，並將百元商店購得的椅子套上套子，就能成為植物們的舞臺。 2 在馬口鐵容器旁稍微以迷你水桶和掃把作裝飾，這就是坂村流的說故事展示法。 3 茂盛生長的葉子另一頭隱藏著英文字母割字。

idea 牆板在裝飾的同時
也有遮蓋洗滌衣物的作用

idea 將從廚房處
即可望見的陽臺
打造成迷你花園

🏠 神奈縣／笹生

**作菜的同時，
能看見滿眼的綠意，
讓人感到很幸福。**

將廚房後門延伸至陽臺的區域打造成迷你花園。
「一打開門，花香即撲鼻而來！」

🏠 大阪府／富澤

**在法式庭園中，
牆板也有掩蓋生活感的作用。**

將與花盆箱融為一體的牆板作成復古的樣式。在搭配綠色植物同時，也可遮蔽後方正在晾乾的洗滌衣物。

idea 親手打造
百葉窗風格的擺設

🏠 山口縣／山根

**為了讓植物更加亮眼，
將百葉窗漆成白色。**

在陽臺親手打造百葉窗風格擺設。「想要襯托出綠色植物，所以刻意將背景漆成了白色。」

Sanitary

洗手間和衛浴是房間的延續。
請盡情地打造以雜貨和綠色植物裝飾的空間。

🏠 熊本縣／杉尾

綠意是室內裝潢中最棒的清涼焦點，
能讓衛浴空間的清爽感更上層樓。

1 樓梯狀的花器插上白色木香薔薇，替洗手間增添華麗感。 2 在洗手間的窗邊放上清潔劑掛架，並種植綠色植物。「在水的周圍以葉片較小的種類作點綴，惹人憐愛的模樣很適合想要放鬆的場所。」

照明方面選擇了珠飾燈罩，將洗手間打造成宛如小房間般，空間中充滿了意趣。備用的衛生紙收納在麵包箱中。

小窗戶除了可搭配自然植物外，從裝設的層架上垂下人造植物，也能增添乾淨的色彩。

在貼滿純白磁磚的流理臺上，是白色的陶製洗手盆，收納門則是松木原木材質。光是如此就已然顯得相當潔淨的衛浴空間，讓它涼爽度倍增的是眾多白&藍色的雜貨。

「由於很喜愛雜貨，只要放置在能常常看到之處，心情就會變得相當愉快。」清爽的洗手間乍看之下宛如度假飯店般。

「想要盡情地以雜貨布置，就算是洗手間也想要營造成美麗的空間，因此不想要讓人看見的打掃工具就放置在門的後方。」裝飾中最不可欠缺的，就是從庭園中採摘而來的綠色植物。無論是衛浴或洗手間都是房間的延續。杉尾風格的搭配法可說是相當地重視日常生活時的愉悅心情。

idea 有節奏地陳列古董瓶

🏠 三重縣／佐場

水槽旁，就以綠色植物和乾燥花裝飾成迷你藝廊風格吧！

佐場在洗手槽旁擺放喜愛的雜貨。 1 在老舊木材的上方將古董陶瓶依照高度排列。 只將其中一個當作花器是取得畫面平衡的訣竅。 2 插著鈕釦藤的瓶子是將小飲料瓶貼上標籤所製成。 3 由於馬賽克磁磚時常以小蘇打粉仔細清潔，因此特別能突顯綠色植物和白色空間。

🏠 大分縣／三浦

將花朵和葉片當成點綴色彩，加入全白的衛浴中。

1「由於想要每天都能舒適地使用，所以盡量將種類繁多的物品都收進現有的雜貨中。」例如，將髮類保養品和化妝棉收進有蓋的籃子和琺瑯容器中。 2 在水槽前方的平臺鋪上飾布，並放上迷你玻璃瓶。 3 將洗衣精、柔軟精裝入白色瓶子中，並利用植物的存在感營造清新的氛圍。

idea 藉由洗衣精的替換容器＋盆栽提昇空間清爽感

Entrance

以綠意舒服地迎接訪客

idea

以小小的室內樹盆栽當作
玄關的重點

在蕾絲編織的手提袋上添加人造花。尤加利樹的高度與兒童用燙衣板的搭配性絕佳。

1

2

1 在有蓋子的鐵罐中裝飾上百合水仙花。條紋玻璃的內窗成為很棒的背景。 2 在玄關走道上以琺瑯兒童烤箱和迷你盆栽打造歡樂角落。

🏠 福岡縣／中河

倘若玄關處能顯得繽紛熱鬧，
每次開門時，似乎就會湧現活力。

「光是騎腳踏車在住家附近繞繞，肌膚就能感受到春天的風和溫暖的陽光，令人感到非常舒服。」

等到容易關在家中的冬天一結束，中河就迫不及待地外出，四處探訪雜貨鋪。趁著找尋目標雜貨時，也常搜索布置靈感。結婚將近二十年，在經歷三次調職後，才終於蓋了理想中的住宅，也因而展現居家布置的才華。

「將粉色系雜貨放置在光亮的場所，整個房間就會一下子進入春天。」

綠色植物與明亮雜貨的搭配性絕佳，就算只是隨意放置，也能讓玄關顯得更加華麗。若在打開門之後，能被開朗明亮的氛圍所迎接，能讓嬝歸來的家人似乎也能因而恢復精神。

52

idea 以柵欄和椅子
營造仿舊趣味

🏠 長崎縣／合澤

享受色彩亮麗的衍縫布
和綠色植物的搭配。

1放置在秤上從花盆旺盛延伸的藤蔓，以衍縫布作為背景，帶來鮮活的生命力。 2生鏽程度恰到好處的柵欄可用來襯托綠意盎然的薄荷葉，是合澤撿拾而來的物品。

idea 以法國古董椅子
作為茂盛葉片的盆栽舞臺

🏠 東京都／門岡

祕訣在於添加
不過份華麗的甜美感。

此處乃是門岡宅邸的玄關，兼具住家與店面「Tender Cuddle」的雙重身分，主要販售法式古董。若是擺放複數的花盆，就能營造出庭園延伸的視覺效果，利用椅子也能作出高度上的落差。

idea 以柵欄和椅子
營造仿舊趣味

🏠 福岡縣／中村

營造角落氛圍，
就是打造每天的幸福。

玄關旁是展示用的桌子和椅子，但此處並不陳列雜貨和植物。刻意將雜貨與植物奢侈地裝飾在周圍牆面或收納箱上，這便是中村式風格的手法。

idea 添加被風雨侵蝕的
斑白號誌

🏠 埼玉縣／五十嵐

運用鄉村手作技巧。

在三角屋頂的玄關處，以木器彩繪（Tole painting）及模板畫的花環和號誌妝點得相當可愛。1發揮巧思讓庭園號誌融入花朵與綠意中。 2以花盆箱迎接上方的信箱，增添活潑氛圍。

Wall

將死角的牆面當成畫布，
以花與葉上色。

 idea 在吊燈中「點亮花朵」

在購自雜貨鋪Old Friend的吊燈中放入假
玫瑰花。

 idea 與小鳥雕像結合

在重新粉刷過的牆面上裝設蠟燭形狀的照
明燈，並以小鳥雕像打造宛如青鳥梢來了
綠意般的故事性。

以新娘的頭冠為主題 idea

牆面上不僅裝飾著以新娘頭冠為主題的獨特鐵架，還加入大量的綠意，是私心喜愛的角落。

🏠 埼玉縣／鈴木

純潔的白色鐵架能充分襯托出綠意，
讓我相當滿意。

採訪時，正值鈴木家女兒出
嫁前夕，家中充滿了婚禮感的布
置。

「我們家親子關係十分密
切，有許多事情都是和女兒同心
協力所完成。她要出嫁的這個訊
息，對我而言就猶如被奪去一隻
翅膀般地寂寞。」

這個「新娘母親」和女兒一
同參觀結婚場地，每當接觸令人
歡為觀止的婚紗時，便緊緊抓住
受到刺激所誕生的靈感。「我覺
得婚禮場地布置得真好。」後來
她選擇在玄關通道上打造針葉樹
的造型裝飾，甚至連客廳也布置
得宛如歐洲莊嚴的禮拜堂般，使
用大量的清新蕾絲與白色雜貨作
裝飾。

「植物和花卉的搭配模式自
此產生了變化。我重新切身地感
受到住家是由我的心情或生活方
式所建造而成。」

54

idea 以乾燥花和鳥偶裝飾小樹枝

🏠 靜岡縣／鈴木

與廚房融為一體，在琺瑯罐內栽種綠意。

在古董水壺中放入帶有紅色果實的枝葉。將水壺類雜貨懸掛使用，為牆面增添亮眼的綠意。

🏠 埼玉縣／岡崎

彷彿置身於山間的獨棟木屋，選擇充滿自然風格的物品。

岡崎表示：「由於乾燥花的裝飾方法相當簡單，使用時很便利。」當牆面稍嫌單調時，只需隨意地添加乾燥花的身影，即可使畫面變得既豐富又精采。掛在牆面上的樹枝乃是撿拾而來。

在販售雜貨＆綠色植物的店鋪「綠之雜貨屋」（刊登於P.100至P.101）中購入牆板，並於室內使用。以陳列迷你綠色植物的層架和自製的鐵絲作品加以裝飾。

idea 以綠色系花卉作為雅緻的點綴色

idea 以古典藍的牆板作為裝飾的一環

🏠 大阪府／RIKA

牆面的顏色與裝飾的綠色植物會隨著季節而不斷地變動。

🏠 福岡縣／河野

利用暖爐臺風格的架子重現西洋書籍中的世界。

在配置成白色系的壁面上，以綠色系西洋菊作為點綴色彩，藉以展現彷彿外國書籍般的世界。以宛如從水壺中溢出的插花作為空間的亮點，也提升綠意的存在感。

Ceiling

將視線往上提升
能獲得擴張視覺的效果！

 idea 將乾燥花聚集於天花板處，
營造山莊風格

🏠 茨城縣／堀江

於自然風格的餐廳，
適合以乾燥花
稍微增添成熟韻味。

散發著木頭溫度的自然風餐廳中，
在靠近天花板處裝飾乾燥花。利用
樑柱，以鏈子吊掛樹枝，將乾燥花
固定於此。

idea 大膽地使用鐵絲
吊掛在陽臺天花板上

🏠 東京都／佐藤

陽臺的小屋是第二個客廳。
抬頭上望，
藍天成為乾燥花的獨特背景。

《佐藤貴予美的動手作實踐法式居家布置》（主婦和生活
社）的作者佐藤將陽臺裝設成小屋風格。作為裝飾的綠色植
物選用人造植物和真實植物相互搭配。

idea 可窺伺提籃中的
乾燥植物

🏠 山梨縣／渡邊

將薰衣草乾燥花懸吊於空中，
即能打造出西洋書籍中某頁的廚房。

在建造新家時，腦海中浮現的是二十幾歲時在美國寄宿家庭
中的場景。講究的粗樑上吊掛的是放入薰衣草乾燥花的提
籃。

沖繩縣／仲宗根

以人造常春藤裝飾電線，
打造天花板的焦點。

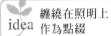
idea 纏繞在照明上
作為點綴

大阪府／法崎

以乾燥花和水晶
呈現雅緻旨趣。

玄關的照明部分是將原本安裝的吊燈拆
下，再以乾燥花和水晶燈作裝飾，營造出
成熟風格。是推薦使用於秋天的搭配。

idea 以乾燥花作成
遮罩風格的裝飾

福岡縣／松田

色彩含蓄的葉片
相當適合Brocante
風格裝潢。

不僅選用黃色的乾燥花，也使用
人造植物加以裝飾，是一整年都
可使用的遮罩。含蓄的色彩與仿
舊風格裝潢是天作之合。

從天花板垂吊的電線並非赤裸裸地直接呈現，而是選用人
造綠色植物纏繞於上，請特別注意這點。在充滿褐色質感
的仿舊風格房間中，適合以綠色作為點綴。

拜雜貨鋪智慧之賜！

雜貨鋪內的商品將各處裝飾得美輪美奐，就連天
花板也有獨特的布置方法。

idea 吊掛梯子

兵庫縣／Footpath

試著採用木框
在空間中營造出動態感。

將木框從天花板垂吊，並排列上各式大小盆
栽作裝飾。常春藤這類的垂掛植物可以讓空
間衍生出動態感和流動感。上方還擺放了乾
燥花。

京都府／Flanelle B

梯子可以做為大量裝飾的舞臺。

大膽地在天花板樑柱上吊掛手作梯子，並掛上水桶和乾燥
花。使用梯子後，一口氣就增加了許多吊掛空間。若將藤蔓
纏繞於上，更有加分的效果。

idea 在空間中吊掛木框
可以凝聚視線焦點

穿越

是使用小網目籃子時特有的處理技巧。可將樹枝穿過網目，取得平衡避免滑落地面，是相當雅致的裝飾。

只使用一枝綠色植物也能營造出作畫風格的「一輪插」技巧

若僅有一枝綠意，很容易淪為單調的構圖……此處要介紹若以蔓性植物為中心，可作出宛如畫作般一輪插的「神救援」技巧。

吊掛

懸吊試管型花瓶時，選擇華麗的掛鉤，就能夠防止裝飾與牆面融為一體。

選擇有標誌的款式

以陶瓶作為花器時，將標誌當成重點。若瓶身視覺效果不佳，就將花莖調整得長一些，以突顯綠意。

穿上「外衣」

將宛如試管般的小瓶子吊掛於空中是基本關鍵，再進一步包覆瓶身，就能提昇存在感。

懸垂

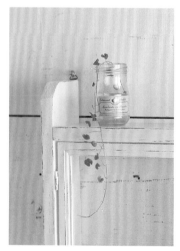

將空瓶當作花器時，讓藤蔓凸出花器並垂掛於外，就會顯現獨特的美感。在內側以膠帶固定是一個小小的技巧。

選擇具有高度的花器

此處則是以較大型的花卉或華麗枝葉插花的場景。選擇簡單的花器是主要關鍵。

就算花莖很短，但只要懸掛在具有高度的花器開口，就能讓體積看起來比實際更大。

Chapter 3

以綠色植栽營造美好生活
ZAKKA 精選

glassware * basket/kago * birdcage * tin item * kitchenware *
small wooden furniture * pitcher * watering can * chamber pot

step ladder * iron table * chair * frame * showcase *

想要讓綠意美好呈現，
作為舞臺的雜貨是不可或缺的存在。
在此處要介紹大家所熟悉的雜貨裝飾方法
與意想不到的單品使用巧思。
只要稍微添加一點綠意，就能帶來極大地轉變。
一起來發掘雜貨的新樣貌吧！

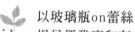 # 玻璃容器

glassware

插入玻璃瓶中卻無法構築美麗畫面的植物
可藉由添加其他色彩襯托出綠意的存在感！

1

2

以玻璃瓶on蕾絲
idea 提昇優雅度和存在感

作為雜貨很受歡迎的小玻璃瓶，只需要增加點
元素，就能呈現更加豐富的樣貌。 1透明玻
璃瓶適合搭配各種顏色。插上一枝綠之鈴吧！
2琥珀色瓶子與原色飾布的搭配，可呈現古典
氛圍。

idea 試管風花器就用來進行藤蔓的水栽吧！

試管空間非常適合作為纖細的藤蔓和花卉的一輪插。 1 在附立架的花瓶中插入鈕釦藤，呈現略帶實驗室的風格。 2 以常春藤搭配數個連接的試管，份量十足！儘管每支試管都只放入一枝綠意也能呈現獨特美感。

四月的花器 由二十一支試管與可隨意移動的架子所組合而成的花器，是法國設計師Tsé&Tsé associées所推出「四月的花器」主題作品。因觀看的角度可產生動態感，十分特別。

idea 成對擺放時以斜向插入

吹製玻璃 將高溫玻璃原料倒入模型中，由師父吹製成形的吹製玻璃是現在製作工廠也很少見的工藝品。因獨特厚度而產生的陰影帶來迷人風味。

idea 短莖部可直接插入有色玻璃瓶中

修剪下的短莖部直接插入小瓶中，能欣賞到最後一刻。選擇藥罐風的瓶子，無需技巧就能輕鬆營造出獨特氛圍。

1 深綠色的墨水瓶和野花十分相稱。 2 果汁或牛奶二手瓶則取較長的花莖，以強調直向線條。

繽紛的有色玻璃很受歡迎 因為是透明材質，就算瓶身的色彩鮮豔，也不會互相干擾，為其最大的魅力。以白色牆面為背景，光是排列於窗邊也能夠發揮色彩與形狀，構築迷人的畫面。

1 古典的一輪插。推薦插入一朵能營造氛圍的端正玫瑰為佳。 2 排列許多形狀及顏色迥異的瓶子，並搭配常春藤的藤蔓。 3 想要襯托較小的玻璃容器，或試圖表現出高度時，可以將書本作為平臺。

將盆栽緊緊塞入，作成混搭種植風。
熟練地使用和乾燥花也很相稱的藤籃吧！

idea 將綠意聚集於一側
也是一種裝飾技巧

idea 份量不足時就添加雜貨

由於長方形提籃相當穩固，是最適合放入盆栽的形
狀。將綠意統一置於一側會讓畫面顯得很俐落。

idea 莖部較長的植物就讓它
傾倒作成花籃風格

橄欖或尤加利等樹枝在修剪完畢後，
直接放入籃子中。同時也能享受作成
乾燥花的樂趣。

加入花盆以外雜貨的技巧。除了玻璃瓶之
外，植物插牌或工具也很適合。在此特意
鋪上英文報紙，多下一道功夫，就能讓畫
面更加迷人。

將籃子
idea 作為舞臺

1 以收納箱式的籃子加上飾布營造自然感。 2 以堅固的鐵製品作為玻璃花器和書本的底座。

idea 也可作為花盆套

1 收納小物專用的籃子也能當成花盆套加以利用。 2 在收納用籃子裡鋪上英文報紙，將盆栽作成混搭種植風。

推薦單品

使用帶有線條的籃子
以平衡色彩

以帶有水藍色條紋的籃子裝飾藍色系的繡球乾燥花，使用相似的色彩打造清爽感。最後再添加同色系的布料，以強調色感。

展示的同時
idea 收納乾燥花

一旦大量地裝飾各種類型的乾燥花，就會讓空間顯得很豐富。由於以鐵籃作為收納用具，也帶給人素雅的印象。

鳥籠

birdcage

隨著Brocante（仿舊）風格盛行，鳥籠也再次受到歡迎！
將居家裝飾成Diorama（情境模型）風格，可發揮玩心。

🍃 搭配迷你鳥偶
idea 打造Diorama風格

若將較大的鳥籠打造成Diorama風格，會帶來
極大的衝擊性。除了鳥兒之外，還可加入其他
迷你動物玩偶，讓空間顯得更熱鬧生動。選擇
吊掛的方式也很不錯，光是擺放著就十分引人
注目，纏繞上三角吊旗也是一個好主意！

🍃 可將苔蘚
idea 替代鳥偶放入

只要簡單地放入苔蘚，就能營造出雅
緻又時尚的氛圍。也很推薦直接放入
苔球。

idea 無論放置或懸吊都很迷人，相當值得購入

雅緻的金屬質感能充分襯托薜荔或金錢薄荷等柔和色調的植物。若將其吊掛於窗邊，也有助於綠色植物的生長。

idea 以小果醬瓶提昇質感

「Bonne Maman」的小果醬瓶能放置於小型鳥籠中，相當便利。讓鈕釦藤自由地生長吧！

idea 大膽地增添強烈色彩

壁面上映照著紅醋栗的紅色光澤！冬天時可選擇南天竹。使用少量的植物種類進行裝飾時，需重視其存在感。

以鳥巢為主題的單品

吊掛的籃子是針對鳥巢風格所設計。除了以藤蔓植物纏繞模仿鳥巢之外，若使用苔蘚似乎也很不錯。裝設在玄關四周的外牆也很迷人。

因放入的物品不同而能隨時改變給人的印象這是鳥籠的魅力所在

只要放置一個鳥籠，就能讓各種花飾達到良好作用。 1 若是放入盆栽，可營造自然感。 2 若當成裝飾雜貨的舞臺，也能帶來極佳的效果。因為能配合季節與心情使用，所以在變換布置風格時可帶來極大的助益。

馬口鐵雜貨

tin item

復古風味大受歡迎的馬口鐵雜貨。
因不同的搭配方式，能產生出截然不同的風格。

現在最受歡迎的馬口鐵單品
idea 是水龍頭式花盆！

馬口鐵的花盆上帶有自來水龍頭或蓮蓬頭的設
計能重現花園灑水時的景象。也有壁掛款式，
可輕鬆運用於陽臺等戶外。

idea 葉與盒的色彩組合

馬口鐵素雅的質感一旦與深綠色進行
搭配，就會展露成熟風味。於此特意
種入了大量的灰綠冷水花。

種植香草
idea 打造仿舊風廚房花園

就算無法地植，以大型水桶或澡盆也能打造迷你花園。
料理用香草也可以顯得相當時尚。

idea 若連同園藝工具一同裝飾
能增加更多便利性

由於可同時享受鏽蝕的樂趣，馬口鐵杯也能積極地活用
於戶外，還可以塗上喜愛的色彩。

idea 以較大的馬口鐵盒
打造Diorama風

若將花園擺飾或飾品一同放入花盆中，就能營造出庭園
盆景的氛圍。是在室內也能欣賞的巧思之一。

idea 推薦可吊掛亦能放置在
層架上的花盆套

房屋形或皇冠形的花
盆套，無論是吊掛或
放置在層架上都能呈
現如畫般的美景。纏
繞上藤蔓能令風格更
加夢幻。

推薦單品

鐵製品
更能呈現出仿舊風情

以鏽蝕加工打造具
有仿舊質感的鐵製
雜貨，和植物們的
搭配性絕佳。進一
步可營造出懷舊風
格。

廚房雜貨

將老舊器具當作模仿廚房工具的古董……
讓廚房單品變身成花器吧！

idea 老舊的鍋子
變身成花盆！

破損壞掉的鍋子可當成花盆再利用。
使用牛奶鍋或琺瑯罐也很可愛。

廚房香草

義大利巴西里、薄荷、鼠尾草、
巴西里等，香草類植物多半葉子
形狀可愛且容易栽種。可以試著
一邊將香草植物種植於廚房一
隅，一邊將新鮮香草活用於料理
中。

idea 調理盆正好適合放置於
廚房的綠色植物

調理盆、馬克杯、水壺等琺瑯單品最適合當作花器。開口寬廣的調理盆中栽種了好幾盆香草。

idea 瀝水杓也可作為花器

將剪短的花莖插在古董漏杓的新穎搭
配。光是放上空氣鳳梨就很迷人。

idea 馬芬烤盤
成為球根放置處

因為能個別栽種，所以馬芬烤盤很適
合球根類植物。與蠟燭及雜貨一起裝
飾，可表現出季節感。

木質小家具

small wooden furniture

若要選擇木質小家具當作植物的舞臺，
建議以有分隔的種類為佳。

眾所皆知，專門用來收納及抽取活版印刷鉛字的櫃子，屬於英國古董。有各種不同的大小和分隔設計，作為展示櫃可謂恰到好處。

idea 以空白感
襯托花器

一輪插的小瓶中筆直站立的花朵，在被分割的空間裡呈現絕妙的平衡。也可以使用墨水瓶替代。

idea 垂掛在鉛字櫃的
提把上

葉子攀附方式絕佳的愛之蔓藤蔓，若纏繞在家具或雜貨上，就會描繪出獨特的線條，深邃的色澤相當迷人。

idea 小抽屜
也能成為舞臺

拉開抽屜裝入花器的商店風格展示法。在手工藝用品的架子上，還可以添加其他物品，例如：線軸等。

idea 將有分隔的木箱
當作口袋

多半為迷你盆栽的多肉植物，一旦將好幾盆放入有格層的木箱中，就會呈現出一體感，相當適合作裝飾。

水壺

形狀高瘦的水壺是搭配綠色植物的基本款，
特別推薦於想要呈現出高度時。

🌿 統一水壺的
idea 用色

1 在白色陶製水壺中插入銀色系
葉片，呈現優雅氛圍。 2 鏽蝕
的馬口鐵製品可與乾燥的尤加利
葉互相搭配，營造出陳舊感。

🌿 idea 依靠著出水口插花是小小訣竅

水壺的出水口處最適合將枝葉或花莖沿著插入，除了可
輕鬆營造自然氛圍外，初學者也能簡單上手。

🌿 放在椅子上或直接擺在地板上
idea 以提昇存在感！

若想模仿國外的居家布置，可
在大型水壺內裝飾具有份量
的花朵，顯示其存在感。利用
凳子，也能進一步使用高度落
差，讓裝飾更加鮮明。

推薦單品

以粉紅色水壺營造成熟風格中的可愛感

1 使用同色系的玫瑰，能讓
充滿女孩氛圍的圓點圖案更
顯甜美。2 灰色調的尤加利
葉可使用粉紅色的甜美感軟
化冰冷度，完成成熟中帶點
可愛風的搭配。

澆花壺

watering can

無論放置於室內或戶外都宛如畫般的澆花壺。
歷經風吹雨打後,鏽蝕的痕跡反而能帶來仿舊風味。

idea 除了花盆套之外
也可作為插花用花器

直立　　　垂掛

idea 利用壺嘴長度
取得平衡

1 直接放入鈕釦藤盆栽。在室內角落也能完成洋溢著野趣的布置。　2 若是想要穩定形狀,就讓具有高度的植物立起,以強調存在感。　3 和尤加利枝葉一同放入籃子內,就能作出宛如玩具盒般的氛圍。

若在內部放入小玻璃杯,就算是馬口鐵盆套也不必擔心漏水問題。惹人憐愛的小花能襯托出花器的質感,兩者搭配相得益彰。

 # 便盆

chamber pot

在盆型款式中,古董「便盆」因開口寬廣,
很適合作為花盆套。

便盆

在家中沒有廁所的年代,據說歐洲人於夜晚時會在寢室內放置便盆。通常是陶製品,只有一邊有把手。較為講究的人會選購有圖案的精緻款式。

idea 由於開口寬闊
方便將盆栽整個放入

在現代,方便使用的形狀相當受到歡迎。例如,水壺帶有把手,即為便利的設置之一。　1 活用琺瑯的清潔感,放置於用水處。　2 樸實的常春藤也因美麗的圖案而顯得優雅別緻。

 # 古董風格家具

antique furniture

經過時間洗禮或古董加工過的家具，和鮮嫩的綠色植物非常相配！
人字梯、燙衣臺，還有椅子，光是擺上花盆或花器就宛如一幅圖畫。

人字梯
step ladder

將踏板當成層架，作為植物們的舞臺。

 idea 於玄關處打造適合綠意的空間

若於梯子踏板上放置常穿的鞋子和植物盆栽，
就能作為玄關布置的一環。

idea 將木盒、籃子、有水的花器
放在較寬的上層

1 將木盒放置於最上層，盆栽則分別排列在每個踏板
上，請一邊注意協調感，一邊作安排。 2．3 由於刻意
營造高低落差，能更加突顯出迷你綠色植物的存在感。

燙衣臺
iron table

不使用熨斗時，
可將綠色植物擺放於上。

**idea　容易移動到日照處
是燙衣臺特有的好處**

**idea　搭配蕾絲
營造優雅感**

輕柔地舖上餐桌大小的蕾絲飾布，橢圓形飾布的垂墜感令人感到相當優雅。

idea　放置迎賓花飾

招待客人時，可作為邊桌使用，於上方擺放花飾，能帶來獨特的氛圍。

作為園藝工作檯也相當適合。可放置葉片噴水的噴霧罐，或掛上收集摘下殘花的籃子。

椅 子
chair

小尺寸的椅子，
正好適合妝點綠意。

idea　也相當推薦非木製的椅子

**idea　兒童椅和植物們
是絕佳搭配**

想要花盆架時，不妨試著將兒童座椅作為花架使用。不僅可營造出適當的高度，外型也十分可愛。

1 能讓人沉浸在度假氛圍的藤椅上，擺放大量的綠意，營造宛如西洋書籍中的世界。　2 若在室內使用園藝椅，可以取代花臺放置花瓶。樸素的質感能襯托出花卉的亮麗風采。

框架
----
frame

飾框、相框及木框……
只要放置一個框架,就能享受以各種方式裝飾的樂趣!

idea 就算是小巧的花飾
也能極具魅力!

若收納於邊框中,就連普通的庭園小花也能別具意趣。裝飾用的框架可謂相當方便。

idea 熟練地使用框架
放入・掛上・夾入

1將花環掛在角落,賦予空間新的變化。鮮花選擇巧克力波斯菊,以營造古典氛圍。 2放入框架作成壓花。營造植物複製畫效果。 3以拖鞋型壁掛口袋與玫瑰乾燥花,打造宛如裱框畫般帶有迷人韻味的組合。

idea 與盆栽結合
形成3D風格

1以藍色花盆搭配油漆剝落的框架。 2若想打造自然風格,請選擇白色框架。亦可營造出3D繪畫風。

idea 保護的同時也能收納
容易損壞的乾燥花

1 展示的同時具有防塵功能，因此直接放入玻璃箱中是很
受歡迎的手法。 2・3 在裝設玻璃門的櫥櫃中，除了可擺
放花圈和乾燥花之外，亦相當適合展示精品。

idea 以精雕細琢的展示櫃
突顯存在感

展示櫃
showcase

在展示收藏的同時兼具收納效果的展示櫃。因玻璃的透明感，
能提升綠色植物的鮮嫩度！

idea +以雜貨建立小小的世界

1 搭配迷你房屋，添加綠意以營造庭園樹林氛圍。同時在
空間中增添動態感。 2 放入種植在小杯子中的多肉植物，
呈現迷你溫室風格。

idea 讓藤蔓攀附

從醫務櫃上方垂下的
藤蔓，讓家具的直線
設計產生流動感。白
色與綠色亦呈現明顯
對比。

1 將雜貨和綠色植物
一同放入，打造商店
展示櫃風格。 2 若將
人造花花飾整個放入
展示櫃中，就能呈現
博物館般的場景！

1 能於廚房中用來曬乾香料和香草。使用鐵絲和鋁夾親手製作也是一種好方法。 2 在附有試管的款式上作一輪插。也可以掛上現有的小瓶子。

可裝飾出風格的個性單品 18

最後要介紹的是乍看之下和植物似乎毫無關連，但試著一同搭配後卻意外地呈現畫作風格的單品。您的周遭是否也有這樣的雜貨呢？

02 門 窗

1 將玻璃窗框作為梯子般使用的獨特角落。 2 將綠色植物吊掛於鐵條裝飾窗上，讓原本就別具魅力的門窗轉為展示舞臺。 3 在門上添加迷你花圈。立起全身鏡，可增添立體感。

03 百葉窗

百葉窗的葉片最適合用來吊掛物品。無論是利用掛鉤，或以掛架纏繞藤蔓。若再增添蕾絲或三角吊旗，就能讓展示的角落更顯獨具匠心。

04 提籃包

1 若想裝飾乾燥花和人造花，不妨試著利用平時沒在使用的提籃包。 2 在小小的肩揹包容器中，混搭種植多肉植物。請選擇網目細小的材質，並放入讓土壤不會漏出的墊片或種植用小石頭。

06 高腳盤

能讓放置的物品呈現優雅氛圍的古典高腳盤，可先輕鬆地作為乾燥花的立架。若放上使用插花海綿的迷你花飾，也能用來款待客人。

05 層架托架

用來支撐層板的壁掛架，作為吊掛用單品時要特別留意。 1 活用時尚的設計，直接用來裝飾乾燥花也很方便。 2 也能輕易地作為窗邊裝飾。

07 清潔劑掛架

從前用來放置清潔劑的琺瑯杯和掛架。由於可以自由取下，無論是種植植物或插花都很好用。掛在牆面上，讓藤蔓自然地垂落也很迷人。

當量秤的盛物臺成為植物們的舞臺，就會呈現獨特的氛圍。 1・2 將不再使用的古董秤作為花盆架，是極受歡迎的搭配方式。鋪上蕾絲飾布增添變化也是一種小巧思。 3 在天秤上放置小花盆，展露對稱裝飾的美感。

08 量 秤

10 把手・鎖

1・2廚房中,餐具櫃或窗邊把手皆是展示植物樣貌的重要舞臺。推薦可以懸掛乾燥香草或大蒜等能活用於料理的種類,如此一來也能作為備料使用。

2

09 紙 張

1・2以耐水性強的防油紙包覆盆栽,可打造兼具防污功能&可愛的造型,能藉由圖案作變化是最大的優勢。 3只要隨意地裝入蠟紙袋中就能呈現畫作般的氛圍。

2   1

3

12 珠寶盒

乾燥花和古董風雜貨的搭配性絕佳。打開珠寶盒的蓋子,能營造出具有商店風格的擺設。

11 洗臉盆架

具有高度的洗臉盆架,作成花臺相當受到歡迎。可直接將植物種在臉盆中,或倒入水栽式水草也很有趣。

14 蛋 盒

若能漂亮地取出蛋的內容物，就能挑戰這種蛋殼的使用方式！在紙製蛋盒中放入栽種植物的迷你玻璃杯也很適合。

13 壁面收納架

若將國外常用於屋外的壁面收納架裝設在室內，能增添不少新鮮感。白色鐵製質感也帶給人輕快的印象。

16 包材

圖案別緻的食材包裝可當作花盆套再利用。若和普普風的雜貨作搭配，即能輕鬆成為吸睛的角落。

15 和風餐具

能讓一朵野花展現本身豐富樣貌的和風餐具。由於樸素的陶土風味深具魅力，只需進行簡單地裝飾。

18 卡片架

1 將尤加利葉和卡片一同裝飾在牆面上。由於能讓植物直接乾燥，是一舉數得的方式。 2 以假花裝飾牆面也相當好用。此外，還刻意添加藤蔓類植物，不僅可使畫面取得平衡，也能呈現出動態感。

17 書形收納盒

廣受歡迎的雜貨——書本形收納，若在裡面添加乾燥花，就能呈現優雅氛圍。放入小瓶子並插上綠意也是不錯的作法。

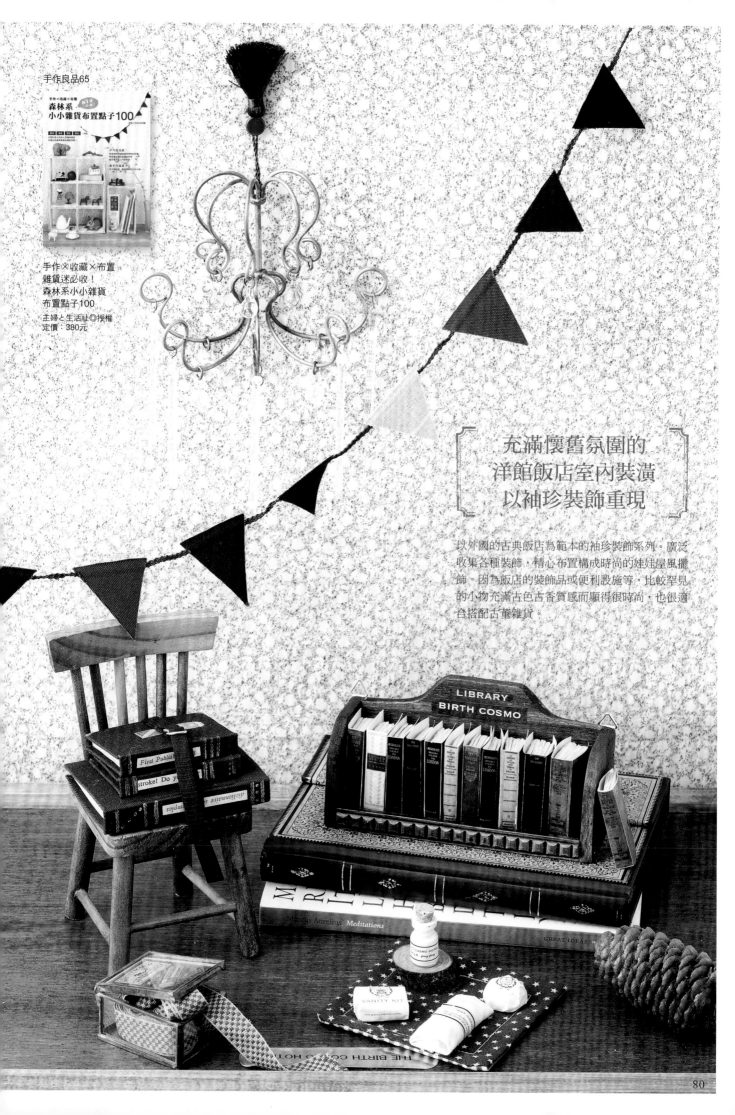

手作×收藏×布置
雜貨迷必收！
森林系小小雜貨
布置點子100
主婦と生活社◎授權
定價：380元

充滿懷舊氛圍的
洋館飯店室內裝潢
以袖珍裝飾重現

以外國的古典飯店為範本的袖珍裝飾系列，廣泛
收集各種裝飾，精心布置構成時尚的娃娃屋風擺
飾。因為飯店的裝飾品或便利設施等，比較罕見
的小物充滿古色古香質感而顯得很時尚，也很適
合搭配古董雜貨。

Chapter 4

嚴選容易種植＆構築畫面的綠色植物

居家綠色植物圖鑑

多肉植物

觀葉植物

花・樹果・樹木

適合個人住宅的
綠色植物有哪些呢？

室內綠色植物在
居家布置的雜誌裡隨處可見。
一邊栽種一邊作裝飾，看似困難，
但實際上就連初學者也能輕鬆上手，
能簡單栽種的綠色植物
可謂占絕大多數。
於此所介紹的幾乎都是一年四季皆可
自花店購得的植物。
請從中找到適合您的
「第一種綠色植物」吧！

P.82至P.85監修／綠之雜貨屋（刊登於P.100至P.101）

多肉植物

圓鼓鼓的可愛姿態與馬口鐵雜貨
特別相稱。
由於容易栽種,
十分推薦作為初學者的
「第一種綠色植物」!

愛之蔓

別名)心蔓

細長的莖部上帶有1.5cm至
2cm的心形小葉片。乍看之
下並不像多肉植物,但據說
在原產地南非會呈現厚實質
地。由於耐旱且討厭潮濕,
因此必須使用排水良好的培
養土。夏季為半日照,冬季
可放置於窗邊,維持溫度
5℃以上即可。

綠之鈴

別名)綠珠簾

宛如蔓性植物般的品種,是
原產自非洲納米比亞的菊科
多肉植物。纖細的莖部如藤
蔓狀般延伸,上面還生長著
直徑約1cm宛如綠珠般的球
形葉片。種植時需經常日
照,並喜好乾燥環境。冬季
需放置於明亮的室內,且維
持溫度5℃以上。

心葉球蘭

別名)臘蘭、臘花(以上為中文別名,
日文別名直譯為櫻蘭、Hoya kerrii)

雖然是以多肉植物的身分而
廣為人知,實際上在東南亞
是自生蔓性植物。受到雜貨
迷青睞的主要原因,是使用
葉片栽種後可呈現如照片中
的「心葉」狀態。由於耐熱
怕冷,在溫度5℃以下時有
可能會枯萎。

京童子

別名)杏仁項鍊

葉片較綠之鈴來的細長,呈
現宛如杏仁般的形狀。莖部
可成長到30cm至50cm。喜歡
明亮的半日照環境,若日照
不足時,葉片就會變得小而
稀疏,因此需特別注意。冬
季不太需要補充水分,但得
維持環境乾燥。

由左至右

玉葉・寶珠・西葉

在雜貨迷之間廣受歡迎的景天屬
中,有超過400項種類的植物。
玉葉帶小顆粒狀,無論顏色或形
狀都宛如葡萄。寶珠也稱寶樹、
寶壽。而擁有深邃祖母綠色彩的
西葉,則最適合點綴於混搭種植
之中。

弁慶草科景天屬植物的總稱。葉片形狀、顏色或產地的分類豐富，依照種類在耐寒度上也有所差異。購買時請先詢問栽種方式。分為日本原生種和外來種，雜貨迷所偏好的主要為後者。

別名）紅弁慶

除了當作盆花栽種之外，其獨特的葉片姿態也深受歡迎。屬弁慶草科。其中擁有圓潤厚實的葉片，且長滿絨毛的月耳兔可謂相當有名。品種類似的日本巨兔則帶有黑色鑲邊。

別名）玉緒

弁慶草科的多年草本植物。在日本自古即作為觀賞用植物，於庭園或盆栽中為人所熟知。莖部從根部開始分枝，甚至能長達30㎝。葉片呈現散布著白粉的銀綠色，帶有厚度。耐寒，容易栽種。

別名）Aeonium

混搭組盆

提到多肉植物，若將顏色與形狀大相逕庭的品種滿滿種植於同一個盆栽中，即能打造獨特的美感。建議一開始可先種植三項至五項的品種。容易取得協調性的作法，是在花盆的中央種植向上生長的品種，左右則種植橫向擴展或往下垂墜的種類，以此方式進行安排最為妥當。

弁慶草科。閃爍黑色光澤的厚葉以放射狀擴散的方式生長。由於是黑色系，在混搭種植時，很適合作為優雅的點綴色。很怕冷，若日照不足葉子成色就會不佳，莖部也會變細，需特別注意。

別名）Sedum rubrotinctum

景天的一種。也稱為「聖誕快樂」。紅色葉子圓鼓鼓的外型，作為混搭種植的點綴色相當好用。喜愛日照，若放置在陰影處則葉子不會變成紅色，需格外注意。相似品種的宇宙錦，其綠色部分較少。

觀葉植物

活用細長延伸的藤蔓,
放置在高處或吊掛都相當合適的
綠色植物們。
除了較具有韌性之外,
容易栽種也是其魅力所在。

紫葉酢醬草

四片葉子的黑葉苜蓿,也稱作黑詰草、Oxalis deppei。雖然適合生長於日照充足之處,但夏天較適合栽種於通風良好的明亮無日照處。和鈕釦藤的生長條件相似,因此一起栽種成混搭種植風格也是不錯的選擇。

豌豆

藤蔓可延伸到50cm至1m左右,豆科一、二年生草本植物。擁有其他蔓性植物所沒有的「捲翹鬍子」,看起來相當可愛。最近作為室內綠色植物或花圈材料的機會正在增加中。兼具可食用的特性。

常春藤

藤蔓會逐漸延伸,五加科的常綠蔓性灌木,也稱作Hedera。天性強韌耐寒暑,因此常被種植於道路斜坡或建築牆面。由於也能夠生長在沒有陽光直曬的陰暗處,作為居家綠色植物再合適不過。

Sugar Vine

五片葉子排列成圓形往下垂掛的蔓性常綠多年草本植物。雖具耐陰性,但希望盡量種植在明亮的室內。耐寒溫度傾向於5℃以上的室內綠色植物,由於很害怕劇烈的溫度變化,使用空調時需特別注意。

鈕釦藤

往橫向生長，並會攀附牆面的蓼科植物。細長的莖部呈現紅褐色且具光澤感，滿布1cm左右橢圓形的葉子，在分枝的同時可茂盛生長。莖部宛如鐵絲狀。強韌容易栽培，但嚴禁放置於高溫潮濕的環境。

嬰兒淚

原產於地中海島嶼，常綠多年生草本植物。纖細的莖部會沿著地面攀爬延伸，並密集生長3mm左右的小葉片。網狀般擴散的樣子猶如苔蘚，因此也被稱作愛爾蘭苔。雖然偏好向陽處，但需避免陽光直射，也很怕乾燥。

蔓越莓

杜鵑科常綠灌木的總稱。深紅色的果實相當可愛，是食品蔓越莓汁的原料。在美國跟加拿大的感恩節時是不可或缺的存在。冬季時葉子會變成紫色，可作為成熟風室內布置的點綴色彩。

電信蘭

分布於美洲熱帶的芋科植物。隨著生長，會由邊緣沿著葉脈形成很深的切口，成為特殊的形狀。1960年代被當成觀葉植物散布於世界各地。日文名稱的由來是源自於拉丁語「怪物」的意思。需避免陽光直射。

黃金葛

原產於所羅門群島的芋科植物。葉片呈橢圓形，略微厚實，表面有打蠟般的光澤。雖然夏日需盡量避免陽光直曬，但基本上曬太陽會讓葉片花紋鮮明且強壯。喜愛高溫潮濕的環境。

花·樹果
樹木

想要令充滿綠意的角落別具風情，
或想增強居家布置的自然風格，
面對諸多的問題，
可從旁給予協助的設計師們專用植物在這裡！

貝利氏相思

約有1200種分布於熱帶地區的合歡之中，在日本較為人所熟知的MIMOZA指的是貝利氏相思。能高達6m左右的常綠小喬木。容易和含羞草混淆，購入時請特別留意。

想要為綠色植物的搭配增添其他色彩時，請加上這些！

大飛燕草

以歐洲為中心分布的多年生草本植物。害怕夏季高溫，由於開花後常會枯萎，因此在日本被當成一年生草本植物。看起來像是花瓣的部分其實是發達的花萼，花朵本體很小，並不顯眼。

薰衣草

從地中海沿岸至印度分布的小灌木。自春季至初夏，會延伸花莖，並在前端長出如稻穗般的小花。也是廣受歡迎的香草。將花朵乾燥後就能夠作成Potpourri乾燥花。若日照不足，開花狀況就會不佳，需要特別注意。

葡萄風信子

風信子的近親。若於秋季種下球根，就會在初春開花，當花葉都凋零後，就會以球根狀態度過夏季。在日照良好處能健康地生長。由於色調偏向點綴色，可使用於窗邊作展示。

地中海莢蒾

原產於地中海沿岸，屬於忍冬科。雖然粉紅色或白色的花朵也很可愛，但冬季陳列於店家時，帶有光亮果實的切枝樣貌特別受到歡迎。適合種植於排水良好的土壤，及日照充足處。由於容易栽培，也可作為混搭種植的點綴色彩。

玫瑰

玫瑰科玫瑰屬植物總稱。由於香味和外型都很優秀，自古以來就作為觀賞用植物，且因品種改良而擁有有眾多不同的種類。栽種方式因品種而有所不同，對於初學者而言較為困難，所以從花店購買切枝花是較好的選擇。

大理花

是菊科大理花屬的多年草本植物總稱，也是墨西哥國花。由於花型貌似牡丹，因此又有天竺牡丹之稱。於夏季至秋季開花，碩大花朵和鮮豔的顏色是其主要特徵。圖中是名為「黑蝶」的品種，當作點綴色相當好用。

波斯菊

以墨西哥為中心，約有20項野生種。若在春季至夏季內播種，夏季至秋季就會開花的一年生草本植物。野生種草長約2m至3m，一般所熟悉的園藝種則長約40cm左右。葉片細長且分枝呈羽毛狀。花色有白色、粉紅色等。

當居家布置感覺不夠豐富或太過沉重時，能為空間增色！

愛心榕

提到室內樹盆栽，還是以愛心榕最為經典。雖然喜好日照良好處，但夏季時需避免陽光直射。當葉子生長緩慢且模樣瘦弱，就是日照不足的警訊。由於容易傾倒，需以支架支撐栽種。

尤加利

因作為無尾熊的食物而十分著名，但最近則廣泛用於居家布置中。由於在日照良好處能生長得相當龐大，因此建議於花店購買。 1 常用於布置的圓葉桉。2 特色是紅色樹枝的加寧鞍。3 使用於製作造型的機會增加的Eucalyptus tetragona。

讓室內盆栽
長久觀賞的好用商品

室內樹盆栽在居家布置中已然不可或缺。但就算是悉心照料，也有可能出現無法如願成長的情況。舉例來說，當室內空氣一旦停止流動，並持續乾燥時，就容易發生蟲害。因此可偶爾將盆栽移動到戶外，並以蓮蓬頭灑水，清除葉面的灰塵相當重要。

此外，為了維持鮮豔的綠色，適當地施肥也是必要手段。於此要介紹能夠讓室內樹盆栽健康長壽的商品。

福岡縣
中河宅

1 愛心榕是雪白牆壁旁美麗角落的重點。「綠色植物沐浴在氣窗所灑落的陽光下，展現迷人風采。」 2 將鵝掌藤種植於素燒大陶盆中。「能替擺設許多家電的客廳帶來清爽感。」

大阪府
森貞宅

繽紛居家布置
綠色植物專家推薦的商品在這裡！

去除葉子的髒污很簡單！

能輕易地清除葉片上難以除去的髒污或灰塵，泡沫狀葉面清潔劑。省略擦拭的步驟，輕鬆地喚起自然光彩。「リーフクリン（Leaf Clean）」220ml

對付病蟲害！

可廣泛使用的殺蟲殺菌劑。對蟲害效果迅速且持續。專治葉蟎類、芽蟲類、白粉病等。「ベニカ×ファインスプレー」1000ml

若能擁有會更方便！
+α 追加品項

讓切枝花能長久觀賞！

抑菌成分可防止水質腐敗，維持切枝花新鮮度的活力劑。製作一次溶液後，只需持續加水即可。「花工場 切り花ロングライフ液」480ml

用於防止葉片變薄，能立即見效的液體肥料。可享受葉色的鮮豔感，建議使用於黃金葛、香龍血樹等觀葉植物上。「そのまま使える花工場 葉植物用觀葉植物用」700ml。

維持植物活力的肥料！

沒有惱人的氣味，能直接放置於盆栽土壤上的肥料。可讓植物茁壯成長的加鈣配方，有促進綠色鮮豔生長的效果。「エードボールCa」150g

住友化學園藝 http://www.sc-engei.co.jp/

Chapter 5

以進階版綠意迎賓！

以綠意&花卉布置
打造咖啡館風格的接待空間

試著將綠色植物活用於
招待朋友的家庭咖啡館裡吧！
營造自然氛圍的餐桌搭配，
可享受放鬆聊天的樂趣。
只需快速增添家中現有的植物，
對於接待臨時造訪的客人也很有助益。

簡單版！ 可愛的餐桌裝飾

以綠意與花卉接待訪客的家庭咖啡館

找來感情要好的友人，
在特別的日子中使用雜貨，
就算只搭配一點綠意和花卉
也能夠營造出舒適氛圍。
在自家中試著開始運作綠意咖啡館吧！

idea 將綠意插入蛋形花瓶
並放置在盤子上一同擺盤

以特殊造型的蛋殼容器作為獨特的花瓶。插上花卉，放置於餐盤的一角，就能帶來讓料理顯得更美味的效果。也可以用來擺放叉子。

將適合聖誕節的紅色果實花圈環繞在蠟燭旁作為裝飾。雪白的蠟燭選用LED的款式，就算和花圈擺在一起也很安心。

idea
以花圈妝點蠟燭

古董烤盅、陶罐、鹽罐等造型的迷你模型。因為體積很小，就算裝飾在餐桌上也不會妨礙用餐。以葉片稍微進行點綴，就能營造咖啡館風格。

idea
廚房用具的迷你模型
相當適合裝飾在餐桌上

idea 以杯盤組
將花朵裝飾得富麗堂皇

idea
藉由紫色玻璃器皿
呈現成熟中帶點可愛的風格

花瓶和燭臺若選擇沉穩的紫色，就能化身為成熟風格的餐桌布置。其上的裝飾浮雕亦讓植物顯得更加迷人。

大膽地將鑲金邊的杯盤作為花瓶使用。淡粉紅色漸層的人造花，搭配上金色華麗的描邊，讓整體風格更顯出眾。

在特別的日子裡，將平時不使用的派盤變身成燭臺。不經意似地放上蓬鬆的棉花，以溫暖的感覺帶出冬季風情。

idea 在派盤上
添加枝椏

在法國的MOULIN DES LOUPS餐盤上，以和圖案相同色調的果實加深蕾絲飾布的印象。也很推薦將葉片和花卉綁在餐巾或玻璃杯上。

idea
於緞帶上增添紅色果實
並綁在蕾絲飾布上

Table arrange 2

若想讓賓客玩得更加盡興

提昇招待品味的 私房技巧大公開！

以綠色植物作為餐桌裝飾的方法十分多樣化，
只要花費些許心思，就能為賓客帶來小小的驚喜！

idea

宛如小動物
誤闖入森林中

在小型的熊和刺蝟樣式底
座放上分株花朵。藉由與
植物的搭配，打造出繪本
中的森林場景。也可用來
布置小朋友的歡樂派對。

idea 以立架作出高度
打造乾燥花圈風格

將植物、花卉和松果散落
在蠟燭四周。就算不特地
編織空間畫面，只要使用
古典風立架就能輕鬆打造
漂亮的花圈風格。

idea

以橡實和松果
帶來北歐風午茶時光

以森林或公園中蒐集的
樹果重現名為「Fika」的
瑞典午茶時光。　不只利
用乾燥花或切枝花，也會
使用常綠樹葉，以增添鮮
嫩感。

idea

以窗簾流蘇
妝點牛奶壺手把

插上絨布風雞冠花，以紅
與綠的聖誕色彩作為主
軸。再將把手綁上同色系
窗簾流蘇，讓牛奶壺也能
妝扮得賞心悅目。

Welcome to my house!

idea
在窗邊以鐵盒
打造混搭種植風

在布置好的餐桌窗邊,擺
放混搭款植物盆栽,就能
打造宛如咖啡館吧臺般的
場景。將有高低落差的綠
色植物排列在鐵盒中,則
可呈現出動態感。

idea
藉由木托盤上的利口酒杯
展現花朵魅力

在木製托盤上等距排列利
口酒杯,以à la carte(單
品點餐)風格裝飾植物。
藉由沒有任何裝飾的玻璃
杯,將切枝花的美貌展現
到極致的巧思。

idea
和攪拌棒搭配
可輕鬆營造咖啡館風格

1

idea
為賓客分別準備
搭配的花飾
可大幅提昇款待的
用心程度

在午餐墊上增添適合客
人的花飾,藉此展現歡迎
的心情。 帶著英文字母
LOGO的花瓶,可選擇有
賓客名字的縮寫字母。

2

有凹凸紋路的玻璃瓶,可
兼作攪拌棒放置架和花瓶
使用。若以宛如攪拌棒般
筆直生長的綠色植物作裝
飾,可輕易打造充滿時髦
感的咖啡館風格。

将「歡迎」的心情散布到家中每個角落！

洋溢款待心意的
擺設技巧

除了讓人舒適放鬆的餐廳之外，
若在最初迎接客人的玄關處或於開闊的牆面上，
也能以綠意進行點綴，
即可傳達由衷歡迎的心情。

〔 廚 房 〕

idea
以英文報紙包覆花盆

〔 玄 關 〕

idea
將簡單的花圈裝飾在格子上
呈現高雅的迎賓氛圍

在最初迎接客人的玄關，可藉由綠色植物留下清爽的印象。 在鞋櫃上的牆面，以葉子花圈裝飾鐵格子。 脫鞋時視線所及的的腳邊可放置小凳子和寫有訊息的花盆，並增添綠意作裝飾。

最重視乾淨度的廚房中，可使用英文報紙包覆植物盆栽外側。以麻繩代替緞帶牢牢繫緊，就能展現獨特的美感。

idea
以黑板款式的花盆和板凳
讓腳邊也能呈現款待的用心

〔 門 扉 〕

idea
在鈴鐺上吊掛
單色乾燥花

於成串的鈴鐺上以緞帶吊掛素雅的紫色乾燥花。開門時，悠揚的鈴聲與花卉相繼表達歡迎之情。

〔 牆 面 〕

idea
以麻繩懸掛色調相近的
玻璃瓶

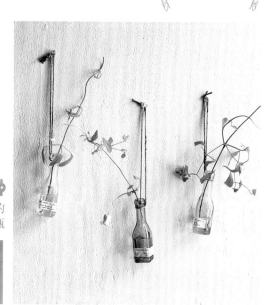

若在同色系小瓶開口端綁上麻繩吊掛於牆面上，就成為富韻律感的裝飾。和蔓性植物很相稱。

🏠 福岡縣／中河宅

花卉圖案、圓點圖案、國外包裝……
以各種圖案裝飾的綠色植物和花卉，
托它們的福，
立刻搖身一變成為舒適的
咖啡館風格居家布置。

idea　將花盆裝飾在餐桌上前
先以紙張作妝點

擺滿甜點歡迎客人。使用
裝飾餐桌的綠意與花卉的
美麗外表來炒熱氣氛吧！

中河表示：「由於想幫植
物穿上適合的衣服，從這個出
發點而選擇了鮮豔的收納盒與
盆套。」

在款待賓客之日，將特別
打扮過後的「時髦」植物布
置在房間中是她的原則。標
誌、圓點圖案的紙袋、外國包
裝……將各種圖案作為材料，
為植物增添色彩。在種種的創
意巧思下，將誠意也傳達給賓
客，獲得住家比咖啡館更舒適
的盛讚！以顏色或圖案裝飾植
物的巧妙設計是會讓人想要模
仿的範本。

1 將紅白圓點圖案的可愛雜貨舖紙袋作為植物盆套使用。
2 以外國的冰淇淋杯替代花盆。 3 以格紋防油紙杯替代
花盆底盤，並使用帶有標誌的紙張包覆花盆。 4 在抽油
煙機上，立起附有金屬網的框架，並垂掛上常春藤，消除
生活感。

能長久觀賞！
人造花活用技巧

在好幾年前，人造花總給人廉價的印象。然而現在卻有許多質感宛如真品般的款式！在此建議，與其當作切枝花來使用，不如作為一件雜貨加入布置的行列。在享受鮮花鮮嫩感的同時，也活用人造花的特性作裝飾，一起來打造洋溢著更多綠意與花卉的居家布置吧！

攝影／落合里美　造型搭配／南雲久美子
攝影合作／AWABEES east side TokyoMaruK Kobayashi

挑選重點

為了襯托花卉
綠葉是必須的！

除了花卉之外，也有其他種類的綠色植物。無論是銀色系葉片或帶有光澤的款式都有無數個品種，而且品質皆十分優秀。就算只有綠色植物，似乎也能大幅運用在呈現清爽的布置上！

野花很適合
作為搭配的
配角

種類十分豐富，所以也能從中找到野花或帶有小花的枝葉。若事先備齊好幾種適合主花的種類，想要製作大型花飾時就很方便。

也有價格幾乎和鮮花沒兩樣的款式。利用人造花，可輕鬆作出季節感花飾。例如：使用風信子或貝利氏相思等花材，可製作出擁有絕美姿態的春日花卉。

加入
當季花卉

選擇一種單獨存在
也能耀眼奪目的主花

若有提前準備一朵出眾的花卉，當角落太過單調時，只要將其加入畫面中，就能讓簡單的場景變得十分迷人。就以老玫瑰或陸蓮花等整年皆可購得的品種，打造出自然感吧！

人造花才能完成的居家布置技巧

作成
小型的迎賓花環

將一枝蔓玫瑰捲成圓形。一邊觀察花卉和葉子的協調性，一邊慢慢地加入剪短的香菫菜和貝利氏相思。最後以細鐵絲固定，再使用熱熔槍將其黏合。

妝點燈罩

以製作花圈的手法，將喜愛的花朵組合起來後，妝點於燈罩上，並讓藤蔓自然垂下。這是讓形狀簡單的燈罩也能隨著季節轉換改變造型的妙招。

燈罩／Orne de Feuilles

加入鐵絲的枝葉
最適合作成花環風格！

有不少款式的花莖都裝設有鐵絲，易於捲成如花圈般的圓形或塑型之用。是鮮花或乾燥花所沒有的便利優點。

依喜好裁剪
製作如花束般的花飾！

能只剪下需要之處作為手作零件，這也是人造花的獨特魅力。準備好鉗子等可切斷粗花莖的工具吧！

以緞帶作成花朵吊旗

先製作小巧的花束，並讓長長的緞帶自然垂落，最後添加只剪下花朵的花卉。人造花可直接插入緞帶蕾絲的織紋中，再以綠線固定，也可以綁在麻繩上。

以作勞作的心情，
黏貼在雜貨上！

以製作花飾的感覺組合花朵與植物後，再使用熱熔槍黏貼即可。一開始以雙面膠暫時固定於框架上，較容易取得協調感。

相框／PINE GRAIN

油燈（2入1組）／PINE GRAIN

以最愛的玻璃雜貨和黑白色調明信片打造素雅的區塊。

參觀居家布置技術高超的住宅！

人造花是雜貨的延伸，
可在黑白色調的空間中以花色衍生出層次感。
作為區塊的點綴色也相當好用！

坂林宅的客廳環繞著紫色、白色及綠色等的繡球人造花，風格十分華麗閃耀。以近乎潔淨的白色統一裝潢色調，並以人造花作為空間色彩的點綴，效果正如眼前所見。

若要使用大量的碩大型繡球花作出奢華搭配，就必須得使用能長久觀賞的人造花。由於人造花種類相當豐富，當手邊沒有適合搭配的色彩雜貨時，就能提供幫助。

「由於我偏好淺色系和擁有精緻設計的雜貨，才決定採用能讓裝飾品更加顯眼的背景。能一直維持美麗姿態的人造花對於打造空間風格而言相當方便。」

可將其作為裝飾品般直接擺放，或懸掛於牆壁上，坂林十分享受著自由布置的樂趣。

若以白色和綠色系作為整合，就能營造出清爽自然的氛圍。眾多的玻璃雜貨亦可呈現出不同的風貌。裁剪下綠色植物，裝飾在小巧的花器中吧！

對於色彩搭配也很有幫助！

手作木框架和鐵製層架所組合而成的區域是白×粉紅的色彩搭配。人造花不只有繡球花，還可加入玫瑰，讓整體風格顯得更加可愛。

創意集錦

以藤蔓和葉片點綴牆面與家具

將漂流木組合成框架狀，若纏繞上較長的藤蔓，就能打造出森林藝術感。再添加人造花、樹果及動物的雕像，即可讓整體氛圍更加豐富協調。使用熱熔槍製作也相當方便。

讓延伸的藤蔓攀附著牆面也是相當受到歡迎的裝飾技巧。使用圖釘或大頭針協助固定，即可保持空間的平衡。能輕鬆製作的特點令人感到相當開心。以裝上掛旗的訣竅試著裝飾牆面看看吧！

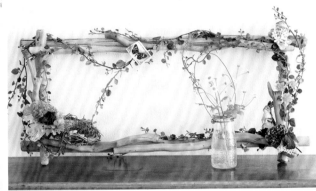

將葉片剪下，以紙膠帶慢慢地固定，即可裝飾成獨特的牆面。與小孩一同黏貼玩樂，並在兒童房中描繪出大樹的枝葉，何不試試這種作法呢？也可於樹枝上裝設掛鉤，增添便利性。

將藤蔓纏繞在鐵製層架上，讓家具感覺煥然一新！利用曲線設計，只需纏繞即可完成布置的簡單妙招。配合現有的家具，選擇藤蔓色調是主要重點。

雜貨的小小改造也不可或缺

利用種植迷你綠色盆栽的花盆組。若想將能長久欣賞的人造花飾作為家飾用品，可於居家布置時盡量使用。也讓客廳的桌子變得越發華麗。

在燈罩裝飾上也多花一道巧思。可加上受歡迎的鳥偶，打造吸引目光的焦點。此外，也推薦加入與花卉很相稱的蝴蝶模型。

薄木片材質的起司盒中，是人造花的搭配裝飾。將假甜點、花卉及葉片一同放入盒中，就能營造可愛氛圍。送給喜愛雜貨的人作為禮物應該會很開心！

到雜貨鋪學習綠色植物的裝飾方式吧！

在此所介紹的10家店鋪都是以良好品味裝飾綠色植栽的雜貨鋪。不僅可以確實學到搭配方式，由於是以初學者也容易栽培的植物作為中心，所以也不容易失敗。請務必移動腳步，在購物的同時順便學習室內綠色植栽裝飾法吧！

空間中充滿籃子、燈籠或吊燈等的裝飾令人目不暇給。會不定期舉辦教學講座。

綠之雜貨屋 西宮店

兵庫縣西宮市高松町14-2　阪急西宮Gardens 1F 東mall
10:00～21:00　全年無休

「綠之雜貨屋」提議若想享受帶有綠意的生活空間，可將綠色植物搭配雜貨作裝飾。店內從復古風格和自然雜貨到英國古董，聚集眾多品項，洋溢著宛如誤闖外國二手市場般的樂趣。

最能吸引眾人目光的是店內的展示陳列。在水龍頭式馬口鐵盆中放置多肉植物，呈現混搭種植風格，或將古董彩繪玻璃搭配框架和綠色植栽，營造工房氛圍……光是在店內走動，充滿品味和巧思的搭配就足以成為參考，深具好評。

也很擅長提供關於植物的建議。「有不懂的問題皆可輕鬆地詢問。」工作人員的笑容真是可靠極了。當然，為了能更輕鬆地模擬綠色植物的搭配，多肉植物或迷你綠色植物的種苗皆十分充足。在店內即可使用綠意與雜貨作搭配，能享受各種嘗試的樂趣也是這間「綠之雜貨屋」受歡迎的原因之一。

以百葉窗為主角所布置的一隅,是以法式雜貨構築而成。

除了迷你多肉植物之外,橄欖樹、愛心榕等觀賞樹木的品種也很豐富。

打造古典氛圍的壁爐架是令人嚮往的夢幻逸品。

高麗菜箱可用於展示也適合收納。

みどりの雑貨屋
MIDORI NO ZAKKAYA

http://midorinozakkaya.com/

難波店

大阪府大阪市中央區難波5-1-60
難波City本館 地下1樓
10:00～21:00 不定期公休

位於大阪屈指可數的購物中心「Beauty & Relaxation floor」。主題為新鮮度。空間中布滿鮮嫩的綠色植栽,光是漫步在店裡就能夠被療癒。

神戶店

兵庫縣神戶市中央區御幸通8-1-6
神戶國際會館SOL 地下2F
10:00～20:00 不定期公休

稍微昏暗的店內,木質地板上聚光燈的效果相當明顯,是略帶成熟氛圍的空間。在約20坪的空間中,陳列著園藝雜貨與復古雜貨。

舞多聞店

兵庫縣神戶市垂水區舞多聞東
2-1-45 Blumer舞多聞1F
10:00～21:00 全年無休

在「綠之雜貨屋」中佔地最為寬廣的店舖,賣場面積寬達90坪。由於周邊多為獨棟住宅,因此大型家具、花臺及日常用品等,產品種類相當充足。

草津店

滋賀縣草津市新浜町300
AEON MALL草津 AEON（IBSATY）2F
10:00～20:00 全年無休

是京都滋賀地區最大的園藝雜貨舖,以60坪賣場面積和眾多品項著稱。在寬廣的店內除了室內雜貨,室外用品也應有盡有。

適合搭配綠色植栽的雜貨讓店內空間顯得相當擁擠!

1 水龍頭式的水槽風立架是最近大受歡迎的商品。2 在古董彩嵌玻璃和框架上添加常春藤的技巧是需要駕馭的技術。3 印尼的ALL FROM BOATS椅子是放置任何物品都適合的強力幫手。因為是使用造船用柚木材質,所以在屋外使用也沒有問題。

東京都八王子市松木15-3
⊙10:00~20:00
※餐廳為11:00~22:00、
週六・日、國定假日11:30~22:00
無公休
http://www.gg-gardens.com/

不只有植物，
還有蔬菜市場和咖啡館！
是能讓一整天都過得
相當盡興的矚目景點。

負責人希望能推廣熱愛植物的歐式生活，
為了傳遞這種想法，在佔地約1400坪的
廣大腹地中，打造由四間店鋪擴展而成的
複合設施。以滿是植物、園藝用品、培養
土的「綠色藝廊花園」為中心。此外，還
包含蔬菜市場、餐廳、觀賞魚店等，可讓
全家人一整天悠閒度過。

除了觀葉植物之外，也被雅緻的雜貨和家具擠得水洩不通。
以尋寶的感覺享受購物樂趣的「綠色藝廊花園」。

充滿打造美好庭園的靈感

Green Gallery Gardens

1 苗、木區塊常備有約1000種品項。光是草
花也有近200種，常客中甚至還有專業園藝
師。 2 宛如熱帶雨林般的觀葉植物區。大膽
選用樹枝非筆直，而是彎曲充滿個性的品
種。 3 被紅葡萄藤覆蓋的租賃中心「苔蘚
屋」。會舉辦Botanical Art（植物複製畫）
教室等活動。

Gardens Marché

仿巴黎市場風格，販售講
究產地的蔬菜和廚房用具
的商店。

Brasserie Au coju

在當地古老方言中，Au coju
意為「三點的點心」。有機
會於此處購入古董家具。

3

2

ＡＮＴＲＹ

大阪府和泉市望野
⏰10:00~18:00　週三公休
（遇國定假日，隔日公休）
http://www.antry.co.jp/

非看不可！植物、人造花與雜貨之間的絕妙組合。

以「混搭風格」為主要概念。自然風、古董風或仿舊風等，販售多種類型雜貨和家具是其特色之一。由古老縫紉工廠所改裝的店面中，呈現家具店特有的品味，設計性優異的園藝商品也很豐富。雜貨和家具搭配綠色植物的區塊，是讓人想要學習的對象。

適合居家設計的綠色植物和假花可謂琳琅滿目。玻璃瓶、鋁罐和陶土等花器也很受到歡迎。

展示間的一角，於英國懷舊風書桌周圍，以良好的協調感放置著小罐子、室內樹盆栽等。

精選家具店特有的時尚園藝商品

1 連色彩鮮豔的罐子、仿舊風的花盆都應有盡有。也能夠和植物成套購買。 2 馬口鐵澆花壺是英國Eden Original公司所生產。除了澆水，也可作為擺飾欣賞。

埼玉縣鶴之島市中新田363-1
☎10:00~17:00　週一公休
http://www.czben.com

最適合打造普羅旺斯風格的
時尚園藝雜貨＆種苗，
品項可謂琳琅滿目。

從「鄉村風居家布置」在日本流行開始，
一直支持著這股風潮的居家布置老店。由
負責人夫妻親自裝潢的店內，除了原創雜
貨和訂製家具之外，還販售各類種苗和盆
栽。庭園施工也相當盡心盡力，以細心的
態度回應需求是讓人感到開心的重點。

在商店入口也販售老闆森田克由自己栽培的橄欖樹苗。

也承包花園設計和施工。從住家到店面，業務範圍相當
廣泛。以古董磚塊和古老建材打造的普羅旺斯風庭園，
甚至要依照順序排隊才能近距離觀賞，也獲得眾人一致
的好評。

建議植物的裝飾方式＆販售

1 以手作白牆板作為背景，
陳列園藝商品的角落。馬口
鐵罐和古董花盆可依照需求
提供打通排水孔的服務。　2
使用美國車牌的置物架。背
面還裝設了網子，透氣性絕
佳。

在商店入口也販售老闆森田克由自己栽培的橄欖樹苗。

VICTORIAN CRAFT

長野縣松本市新橋6-16
LIFE STYLE MARKET內
⏰11:00~19:00　不定期公休
http://www.victoriancraft.com/

集合了易融入居家布置的多肉植物品種。微妙變化色調的葉片與古董家具十分相稱。

可購得從園藝發源地——英國進口的商品

在販售和修理英國古董家具的店鋪內，適合古董家具的仿舊風園藝商品也是一應俱全。並販售擁有眾多收藏者的英國老牌園藝製造商「HAWS」公司和「Joseph Bentley」公司的澆花壺和園藝工具。

從繽紛物品到古董
備齊了各種色彩的商品

1 色彩鮮明的澆花壺號稱「灑水宛如絲緞般優雅」，是英國「HAWS」公司自1886年來長期販售的商品，製法不曾更動過。 2 古董玻璃瓶。除了可當花器，亦可作為擺飾。

將植物吊掛於天花板處，或利用梯子及木箱展示。下足功夫的庭園區塊。

HUG home & garden

三重縣桑名市多度町多度2-22-5
⏰10:00~17:00　週四公休
http://www.dct-jp.com/

巧妙地將綠意、花卉與古董結合的自然風格值得一看！

於2013年迎接了20週年的在地人氣商店。廣大的腹地內有著雜貨鋪、咖啡館和英式庭園，可看之處不勝枚舉。在英國購買的古董雜貨也以植物作裝飾，可欣賞到美麗的景致。有時也會舉辦由老闆開設的混搭種植教室。

正在展示的活動，以英國街角為主題的陳列擺設。概念的主軸是「自然」&「復古」。

屋外種苗區宛如宅邸庭園

於附設的咖啡座，能一邊被植物療癒，一邊坐在古董椅子上歇息。店家的自製鬆餅也相當值得推薦。

位於英式花園內的種苗販售場。馬口鐵澆花壺或鐵製柵欄等商品和植物一同展示，可一邊構築庭園風貌一邊購物。

kusakanmuri

1 聚集了白與綠的層次感，美不勝收的各式花草。讓人感到既簡單又雅致的店內風景。
2 將插在玻璃花器內的鮮花環擺放在蕾絲桌墊上，打造清爽的桌面。

也有設置書籍區和喫茶室

3 亦附設能夠品嚐到香草茶的喫茶室。 4 除了花瓶和自然雜貨外，還陳列了生活風格、手作、藝術、設計等相關書籍。

東京都渋谷區惠比壽西1-17-2
⊛12:00~20:00　週二公休
http://www.kusakanmuri.com/

以城市中的「原野」
為主要概念，
白與綠齊聚一堂的
祕密基地花店

坐落於東京惠比壽和代官山中間區域的花店。認為透過綠色植物與花卉，能讓贈送者與收受者間「心意逐漸相通」，因而相當重視花卉傳遞的過程，也視其為連繫心意的絕佳禮物。隨時舉辦由人氣講師教學的花飾及手作雜貨課程。

mokuhon

呈現獨特展示風格的植物數量眾多。葉子以圓形放射狀擴散的「鵝掌藤」是很受到歡迎的植物。

原創圍裙。皮繩和亞麻的搭配讓園藝工作也能很時尚。

東京都中央區銀座
1-14-15-101
12:00~19:00
週日、國定假日公休

聚集許多和自然風居家布置
也很相稱的稀有觀葉植物，
亦可作為搭配範本！

充滿特色的綠色植物擺飾閃閃發光

1 將數種空氣鳳梨排列放置在木框架上，作為咖啡館風格牆面的裝飾。 2 多肉植物在雪白的陶瓷罐中顯得美不勝收。將白色階梯作為擺飾的背景，效果相當顯著。

「木之本」是店名的由來。店長大和田てるみ表示：「無法滿足於一般植物的人也會感到滿意，備齊了各種充滿特色的室內樹盆栽。」除了擁有品種稀少的植物之外，連咖啡館也親手布置的老闆，其獨特的品味似乎對於提昇擺設技術有很大的助益。

106

🌱 east side tokyo

東京都台東區蔵前1-5-7
10:00~18:30（週日、國定假日
10:00~17:30） 不定期公休
http://eastsidetokyo.jp/

由荷蘭進口的「SILK-KA」公司生產，宛如鮮花般美麗的人造花大受歡迎。

花卉主要產地——荷蘭製造商特有，配合潮流的擬真花數量相當豐富。宛如實品般精細的作工及雅緻的色調也深具魅力。如同花店般能夠幫忙作成花束，令人感到相當開心。也會舉辦雜貨的體驗講座。

以荷蘭「SILK-KA」公司生產的花卉為中心，也販售國內的商品。請自由地搭配喜愛的花卉吧！

和花瓶華麗共演

1 在古董風素燒陶製的花瓶中，插入另外販售的玫瑰花束。 2 成熟風格的黑色花瓶是比利時「D&M」公司所製造。以等距排列的方式呈現高雅感。

🌱 東京堂 本店

東京都新宿區四谷2-13
⏰9:30~17:20
週日・國定假日公休
週六不定期公休
（請事先上網頁確認）
http://www.e-tokyodo.com/

擬真花與雜貨和花器的組合搭配相當多樣化。

從一樓到七樓，是整棟大樓皆專精於擬真花的大型店鋪。零件與耗材也很豐富，擁有眾多讓花飾或手作迷愛不釋手的商品。因應季節和活動的教學課程，及能試著搭配花卉和花器的試搭區皆大獲好評。

以白與綠統一的展示區。從宛如真品般的人造盆栽、花圈到花束等，產品種類一應俱全。

配合季節的
優美陳設

1 正因為是禮物，更推薦可長久維持美麗姿態的擬真花。「母親節」時，將花卉裝飾在邊框或紙盒上吧！ 2 夏季可使用大膽的色調作插花，營造清爽的印象。

花草植物
打造 懸・掛・式・小花園
吊鉢繩結設計
Step by Step 主婦の友社◎授權
27種吊鉢繩結 全圖解！ MACRAME
HANGING
ALL HANDMADE

MACRAME HANGING

手作良品52
花草植物吊鉢繩結設計
主婦の友社◎授權
定價：380元

手編繩結，懸掛可愛的小盆栽，
像一個一個在空中跳動的音符，
呼吸也隨之輕盈起來 ♪♫♫

為何裝飾上綠意就能療癒人心呢？
是因為看見柔和色彩？
還是因為惹人憐愛的姿態？

就算是再小的盆栽或切花，
都會尋找日照方向，拼命地將臉朝上。
一旦澆許多水，就會瞬間恢復活力！
植物們皆很認真的生活著，
也溫柔地回應著我們的心意。
只要和植物相處在同一個空間中，就能獲得心靈上的養分。
就算一點點也好，請試著在您的身旁加入植物。
或許您會更喜愛改變後的居家環境！

讓植物復活！？
找到的小小妙方♪

在拍攝P.8開始的「卷頭提案」期間，發現了能讓因強烈日照而枯萎的花朵，回復原來狀態的專業技巧！首先，拔除不要的葉片和莖部，並使其吸收水分。接著以紙張將整體捲得稍微緊一些，包覆綻放過頭的花朵，以這樣的狀態大量吸收水分約幾十分鐘後……花瓣竟然堅挺地立起，再次呈現美麗樣貌！訣竅就在於莖部根處要保持筆直，並盡量剪短，於短時間內讓花莖根部吸取水分。當帶回家的花束無精打采時，請一定要嘗試看看！

採訪店家名單

east side tokyo
東京都台東區藏前 1-5-7

Orne de Feuilles
東京都澀谷區澀谷 2-3-3 青山 O building 1F

住友化學園藝
http://www.sc-engei.co.jp

PINE GRAIN
http://www.pinegrain.jp

Footpath
兵庫縣西脇市下戶田 33-1　http://www.jupiter.sannet.ne.jp/naruto/shop.html

Flanelle B
京都府福知山市驛南町 3-93 芦田 mansion 1F　http://flanelleb.com/

MaruK Kobayashi
東京都臺東區淺草橋 2-29-11

綠之雜貨屋
http://midorinozakkaya.com/

MOMO natural 自由之丘店
東京都目黑區自由之丘 2-17-10 ale ma'o 自由之丘 building 2F

手作良品 69

小空間＆角落專屬：
雜貨×花草盆栽布置特選150

授　　　　權／主婦と生活社
譯　　　　者／周欣芃
發　行　人／詹慶和
總　編　輯／蔡麗玲
執 行 編 輯／李佳穎
編　　　　輯／蔡毓玲・劉蕙寧・黃璟安・陳姿伶・李宛真
封 面 設 計／韓欣恬
美 術 編 輯／陳麗娜・周盈汝
內 頁 排 版／韓欣恬
出　版　者／良品文化館
戶　　　　名／雅書堂文化事業有限公司
郵政劃撥帳號／18225950
地　　　　址／220新北市板橋區板新路206號3樓
電 子 信 箱／elegant.books@msa.hinet.net
電　　　　話／(02)8952-4078
傳　　　　真／(02)8952-4084

2017年11月初版一刷　定價380元

ZAKKA TO GREEN WO MOTTO JYOZU NI KAZARU 150
NO IDEA

Copyright © 2013 SHUFU-TO-SEIKATSU SHA LTD.
All rights reserved.
Original Japanese edition published by SHUFU-TO-
SEIKATSU SHA LTD., Tokyo.

This Complex Chinese language edition is published by
arrangement with
SHUFU-TO-SEIKATSU SHA LTD., Tokyo. in care of Tuttle-
Mori Agency, Inc., Tokyo
through Keio Cultural Enterprise Co., Ltd., New Taipei
City, Taiwan.

經銷／易可數位行銷股份有限公司
進退貨地址／新北市新店區寶橋路235巷6弄3號5樓
電話／（02）8911-0825
傳真／（02）8911-0801

國家圖書館出版品預行編目(CIP)資料

小空間＆角落專屬：雜貨×花草盆栽布置特選150；/
主婦と生活社授權；周欣芃譯.
-- 初版. -- 新北市：良品文化館, 2017.11
　　面；　公分. -- (手作良品；69)
ISBN 978-986-95328-5-3(平裝)

1.家庭佈置 2.盆栽

422.5　　　　　　　　　　　　　106018761

Staff

總　編　輯／山岡朝子
發　行　人／江原礼子
設　　　　計／栗山エリ（ameluck+i）
編　　　　輯／高橋薫　藤井瑞穂　松井広子
助 理 編 輯／重 志保
採　　　　訪／小山邑子
攝　　　　影／石川奈都子　落合里美
造　　　　型／南雲久美子
校　　　　閱／別府悅子
執　　　　行／福島啓子